westermann

W0302742

Geometrie

Erarbeitet von

Judith Beerbaum, Anja Göttlicher,
Sarah Pfleger, Britta Wettels
und Stephanie Zippel

in Zusammenarbeit mit der
Westermann-Grundschulredaktion

Unter Beratung von

Henrieke Peter

Illustriert von

Angelika Citak, Heike Heimrich und
Karoline Kehr

Flex und Flo

Mathematik

4

Zeichenerklärung

S. 5
1 a) 8 + 9 = 17
6 + 7 =

Du löst alle Aufgaben in deinem Heft. Hier findest du ein Beispiel für den Hefteintrag.

Male/Zeichne mit der entsprechenden Farbe in dein Heft.

Benutze Material.

Bearbeite die Aufgabe in Partnerarbeit.

Mathekonferenz: Tausche dich mit anderen Kindern über deine Ideen, deine Vorgehensweise oder deine Ergebnisse aus.

Addieren heißt plus rechnen.

Hier steht ein neues Fachwort.

Grundaufgabe 2 + 2 = 4, also 32 + 2 = 34

Hier steht ein neues Fachwort oder ein neues Beispiel, wie du über Mathematik sprechen kannst.

AH S. 38 – Verweis auf weitere Übungen auf den angegebenen Seiten im Flex und Flo Arbeitsheft 4 (Ausgabe 2021)

G1 – Verweis auf passenden Diagnosetest im Flex und Flo Diagnoseheft 4 (Ausgabe 2021)

11 A-E – Verweis auf passende herausfordernde Aufgaben in der Flex und Flo Entdeckerkartei 4 (Ausgabe 2021)

Verweis auf passende interaktive Übungen

Aufgabe aus dem Anforderungsbereich I
Reproduzieren: erfordert Grundwissen und das Ausführen von Routinetätigkeiten

Aufgabe aus dem Anforderungsbereich II
Zusammenhänge herstellen: erfordert das Erkennen und Nutzen von Zusammenhängen

Aufgabe aus dem Anforderungsbereich III
Verallgemeinern und Reflektieren: erfordert komplexe Tätigkeiten wie Strukturieren, Entwickeln von Strategien, Beurteilen und Verallgemeinern

Einführung von Fachwörtern oder Redemitteln
Eine Sammlung der im Heft eingeführten Fachwörter und Redemittel zum Nachschlagen findet sich auf der letzten Doppelseite und der Beilage „Fachwörter und Redemittel 4“.

Medienbildung und Mathematiklernen verbinden
Anregung zur Bearbeitung mathematischer Lerninhalte mit digitalen Werkzeugen

Erklärvideo in der BiBox

Tipp zur Verknüpfung der Themenhefte

Inhaltsverzeichnis

Wahrnehmung ... 4-5
Freihandzeichnen ... 6
Körper – Körpernetze ... 7
Kantenmodelle ... 8
Quadernetze ... 9-10
G1

Kippfolgen ... 11
Schrägbilder ... 12
Würfelgebäude ... 13
Bauen mit Winkelsteinen ... 14
Winkelsteine – Ansichten ... 15
G2

Gerade, Strecke, Strahl, Schnittpunkt ... 16
Rechter Winkel – Senkrecht ... 17
Parallel ... 18
Zeichnen mit dem Geodreieck ... 19
G3

Flächen – Vierecke ... 20-21
Flächen – Schnitte ... 22
Flächen – Kreis ... 23
Flächen – Kreismuster ... 24
Geometrie und Kunst ... 25
G4

Parkettierungen ... 26
Flächeninhalt ... 27-29
Umfang ... 30-31
G5

Geobrett ... 32-33
Symmetrie – Spiegeln ... 34
Symmetrie – Drehen ... 35
G6

Maßstab – Vergrößern ... 36
Maßstab – Verkleinern ... 37
Orientieren auf Plänen ... 38-39
G7

Entdecken und knobeln ... 40-41

Fachwörter und Redemittel ... 42-43

1 Welche Würfelgebäude kann Flex aus diesen zwei Teilen bauen?

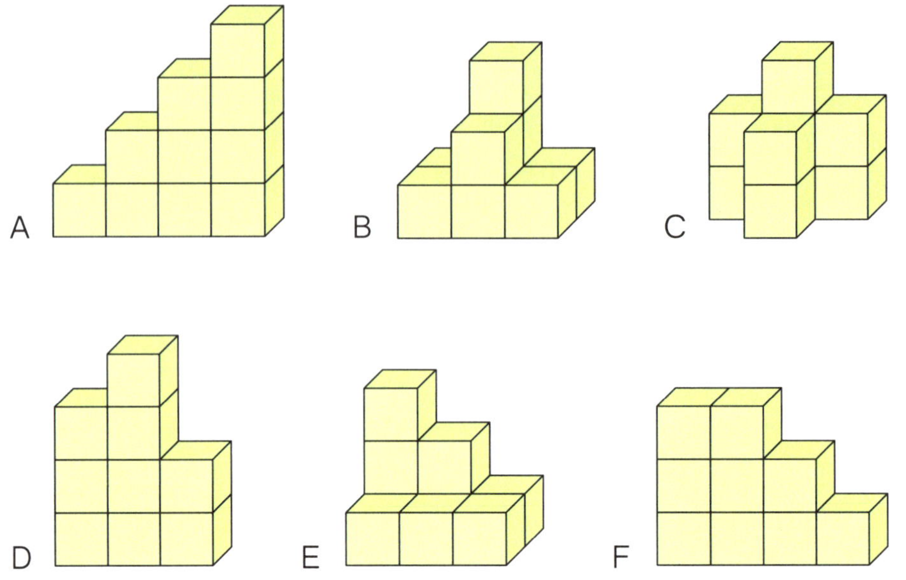

2 Immer zwei Würfelgebäude sind gleich. Welche sind es?

2) A und ...

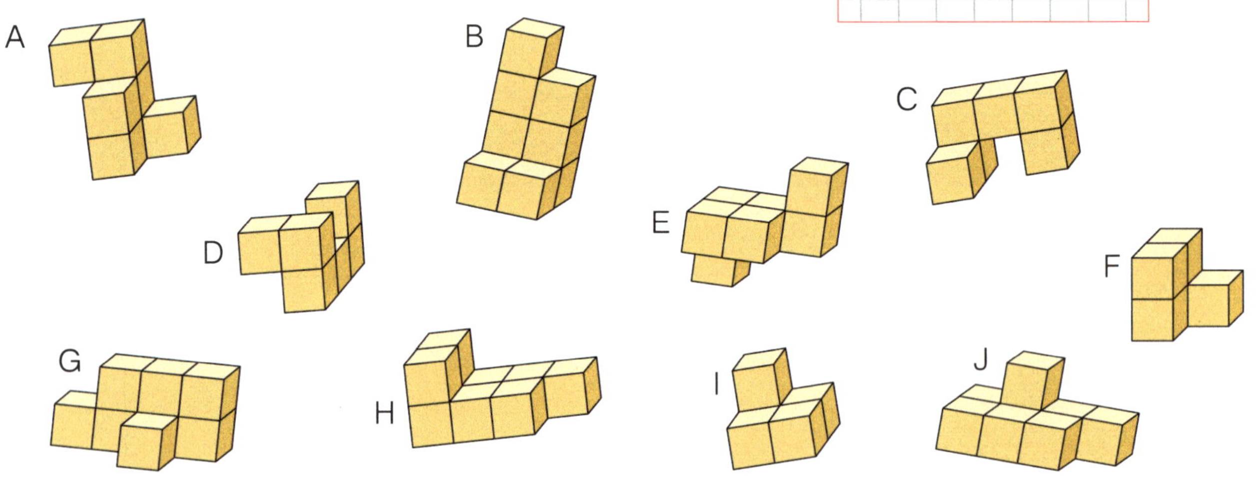

3 Immer zwei Teile ergeben zusammen einen Würfel.
Welche Teile gehören zusammen?

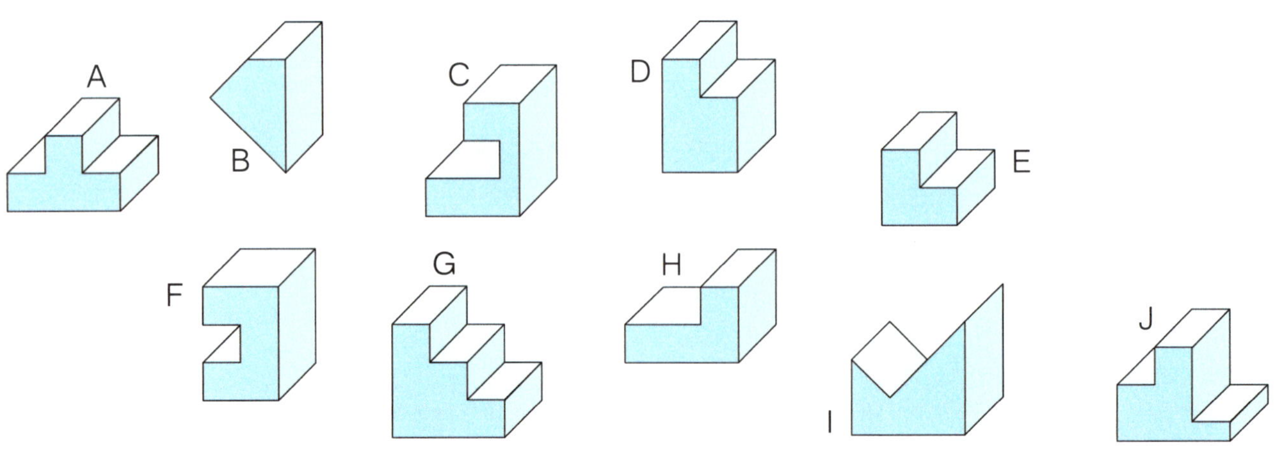

AH S. 38

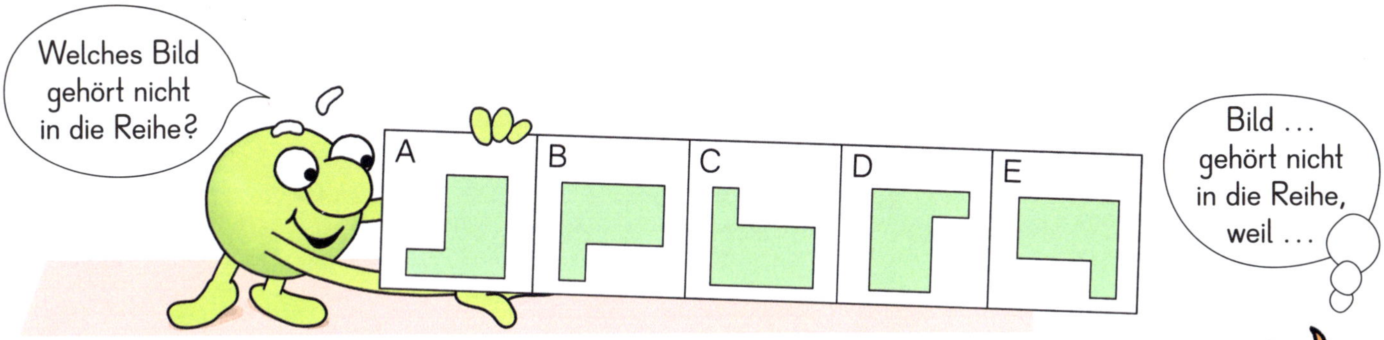

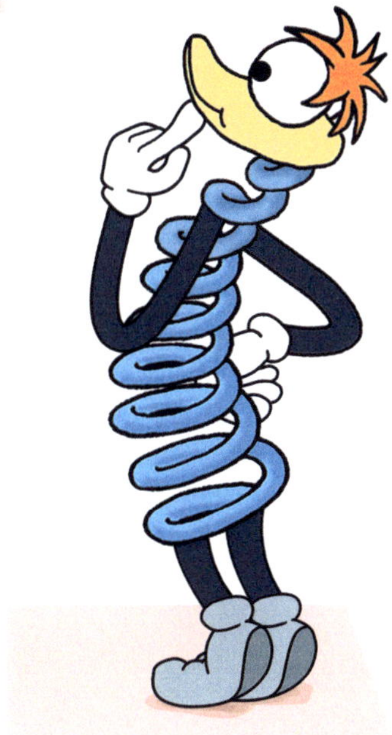

1 Immer ein Bild gehört nicht in die Reihe. Welches? Begründet.

a) 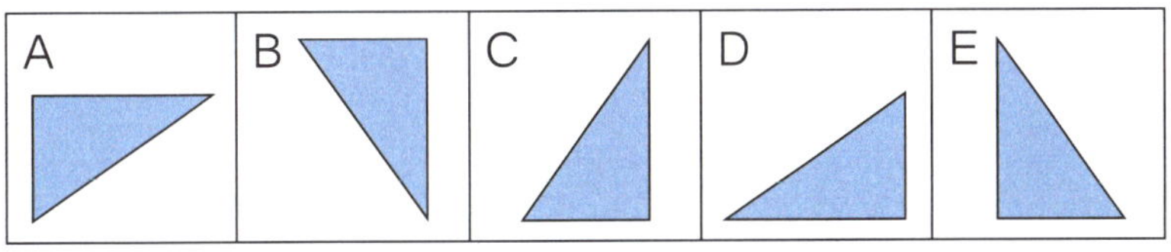

b) 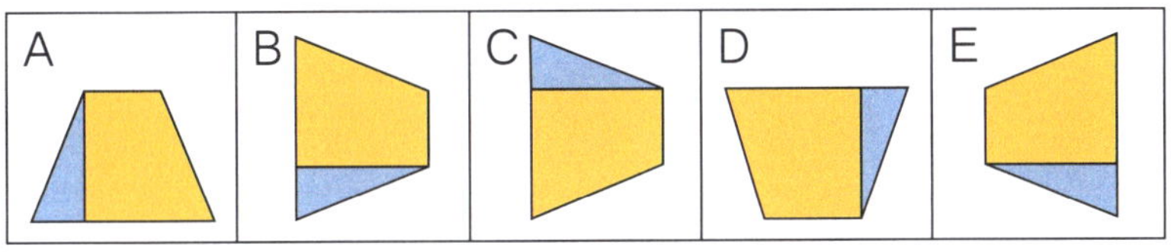

c) 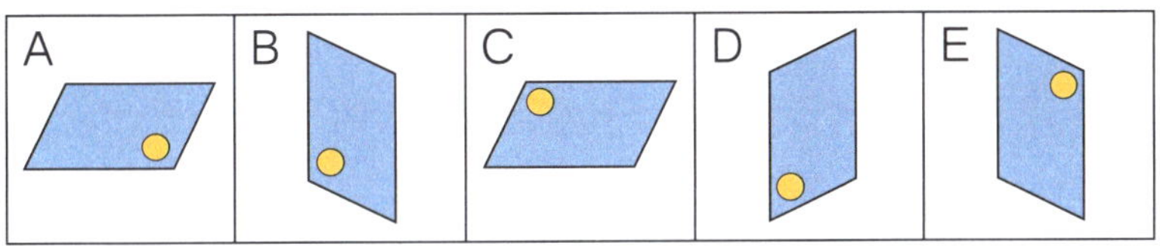

2 Auch hier gehört ein Bild nicht in die Reihe. Welches? Begründet.

a) 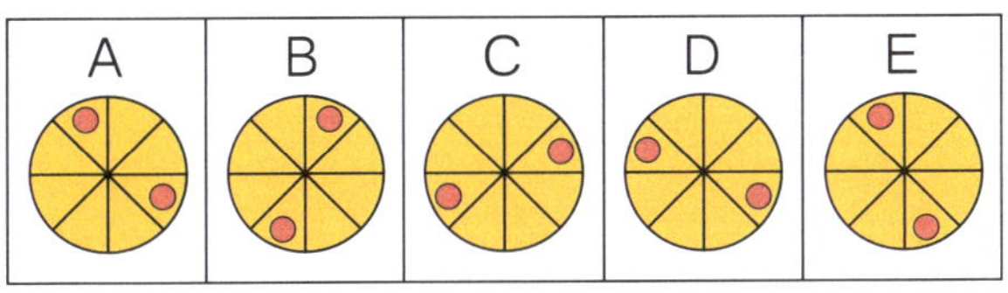

b) 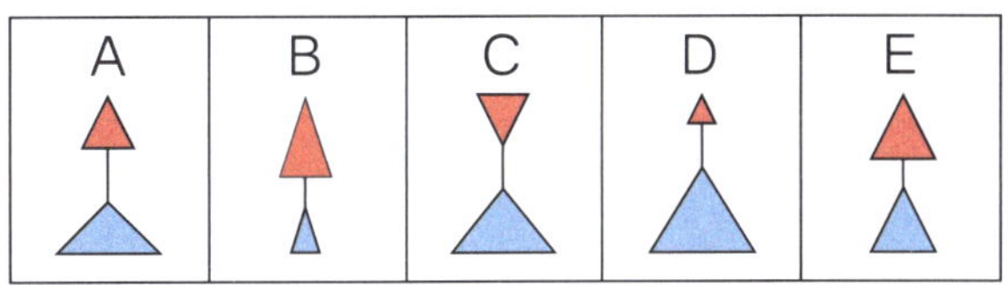

c) 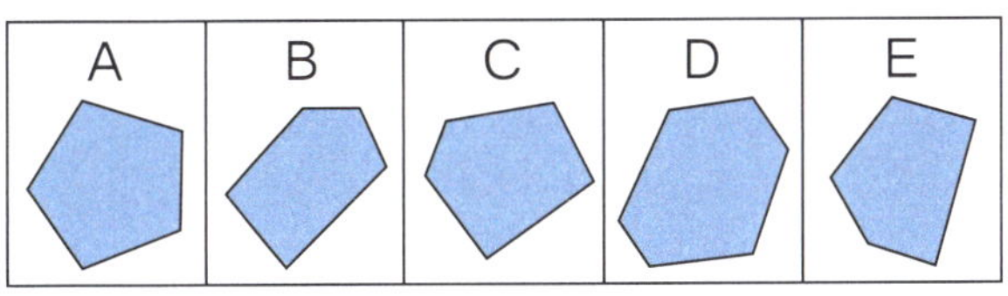

d) 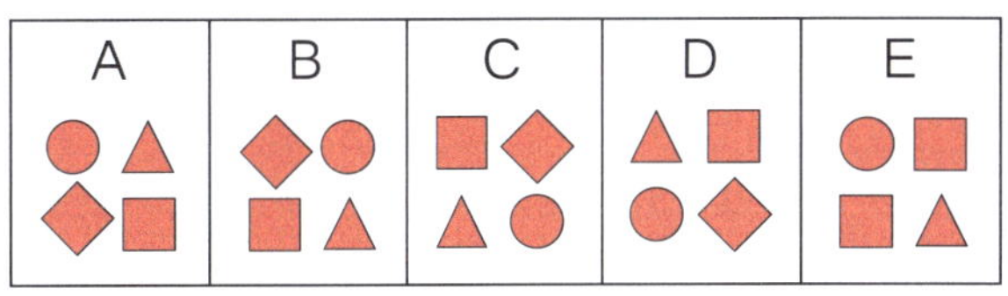

3 Erfinde eine eigene Reihe.
Ein Bild soll nicht in die Reihe passen.
Dein Partnerkind sucht das falsche Bild und begründet.

4 Wie geht das Muster weiter? Zeichne die nächste Figur in dein Heft.

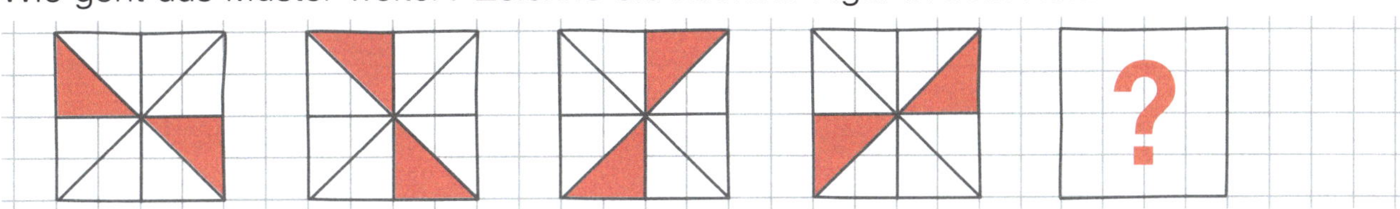

AH S. 38

1 Zeichne die Wörter in dein Heft.

a)

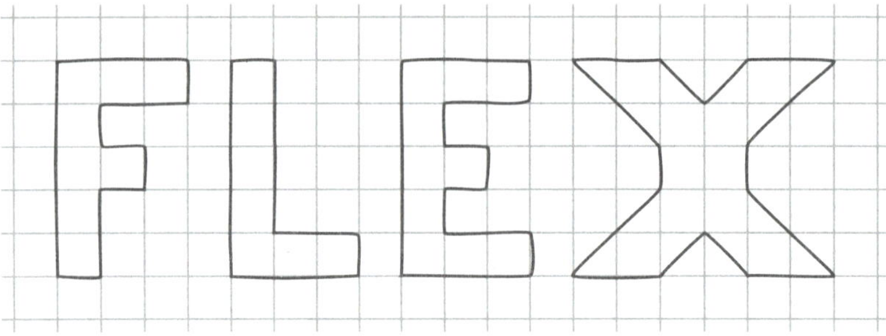

b)

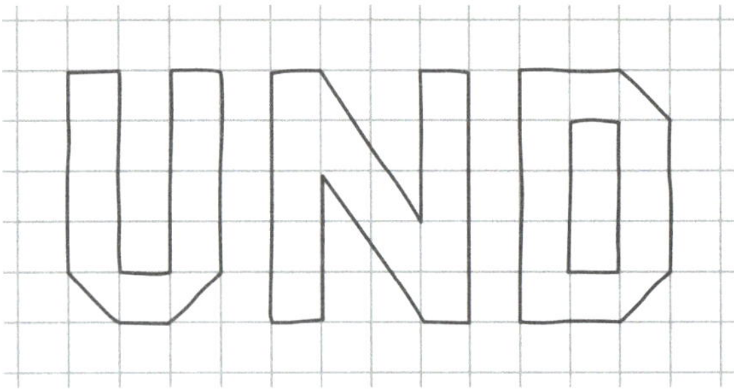

c)

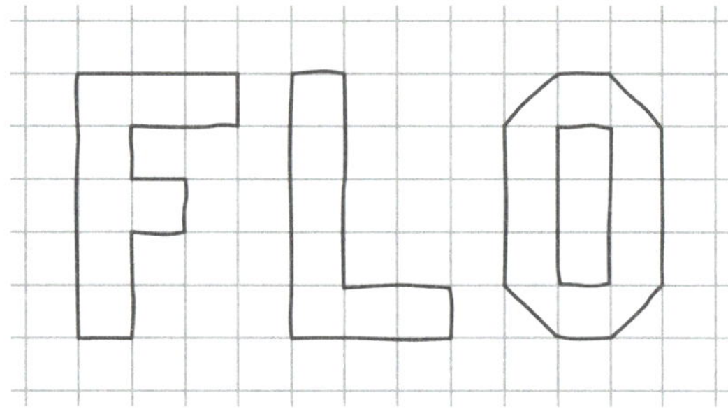

2 Zeichne deinen Namen in dein Heft.

3 Zeichne die Muster in dein Heft und setze sie fort.

a)

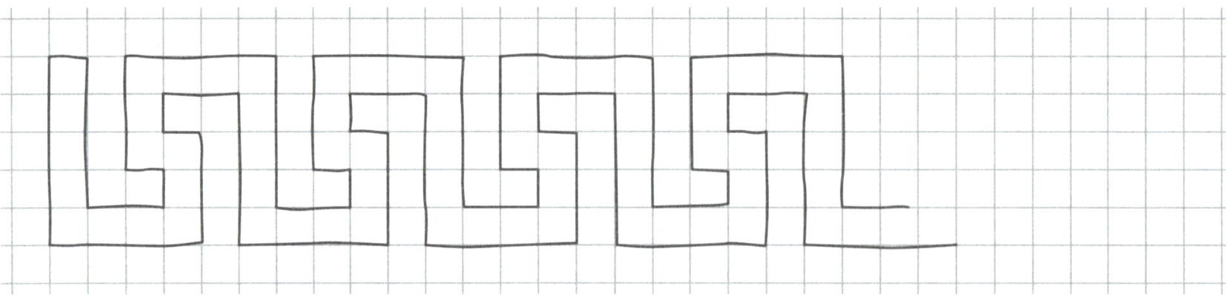

b)

4 Erfinde eigene Muster und zeichne sie in dein Heft.

AH S. 39

Körper – Körpernetze

1 Ordne den Körpern die Namen zu.

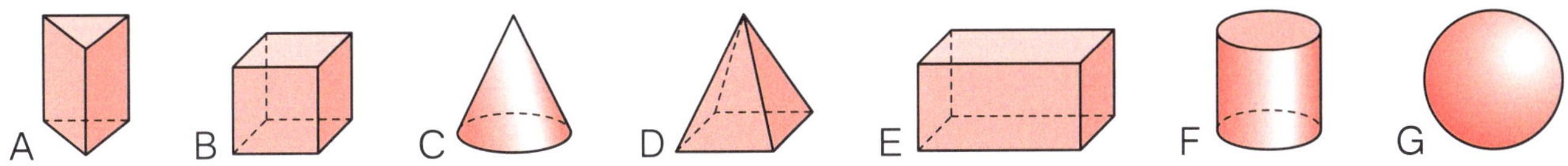

2 Welcher Körper ist es?

a) Er hat sechs quadratische Flächen.

b) Zwei seiner drei Flächen sind Kreise.

c) Er hat keine Ecken und Kanten.

d) Er hat genauso viele Ecken wie Flächen.

e) Er hat zwei dreieckige und drei rechteckige Flächen.

f) Er hat nur eine Kante.

3 Erfinde eigene Rätsel wie in Aufgabe 2.
Benutze die Fachbegriffe.
Dein Partnerkind löst deine Rätsel.

Ecke | Kante | Fläche

4 a) Welches Netz gehört zu welchem Körper?

b) Zu welchem Körper gibt es kein Netz?

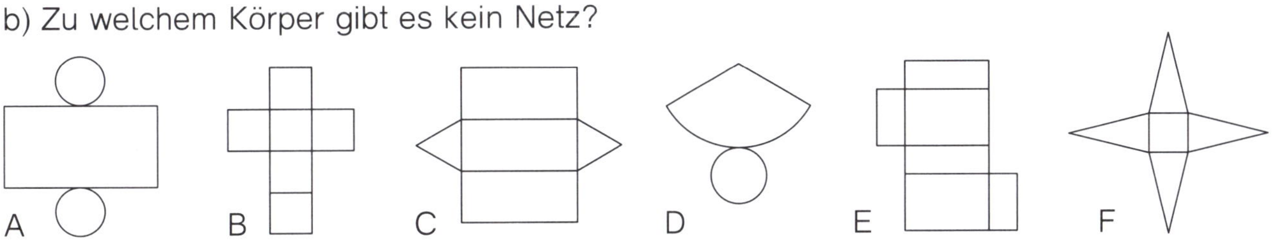

5 Welche Gegenstände haben die Form eines Würfels, eines Quaders, einer Pyramide, eines Kegels, eines Zylinders, einer Kugel oder eines Prismas?
Gestaltet zu einem dieser Körper ein Plakat.
Ihr könnt malen, ausschneiden, aufkleben, fotografieren, …

5 **Fotografie:** Eigene Bilder von Gegenständen mit der ausgewählten Körperform in der Umwelt fotografieren, präsentieren, ggf. ausdrucken und für die Gestaltung des Plakats nutzen oder für eine digitale Pinnwand verwenden.

AH S. 40

1 a) Flo baut das Kantenmodell eines Quaders aus Papier.
Wie viele Ecken und Kanten braucht er?
Wie viele Kanten müssen gleich lang sein?

b) Baut selbst Kantenmodelle verschieden großer Quader aus Papier.

2 Flo möchte aus Stäbchen Kantenmodelle verschiedener Quader bauen.
Hat er jeweils genug Kanten mit den richtigen Längen? Begründet.

a) 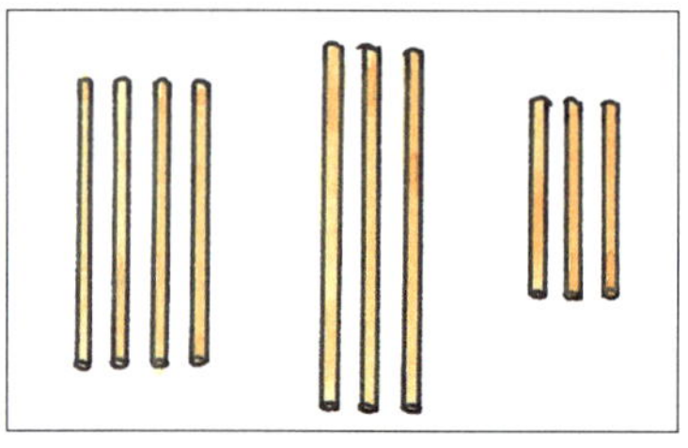

b) 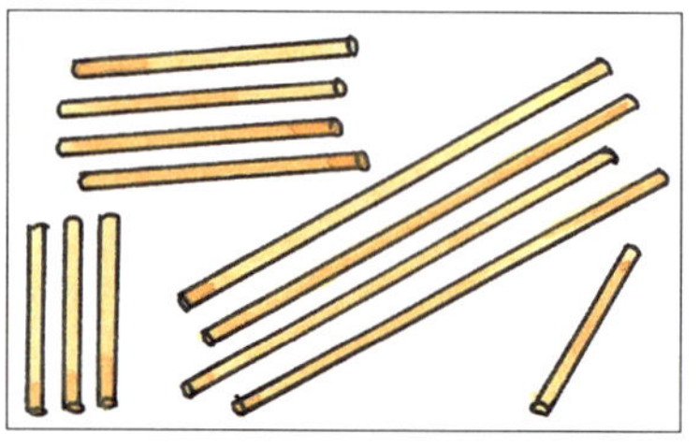

c) 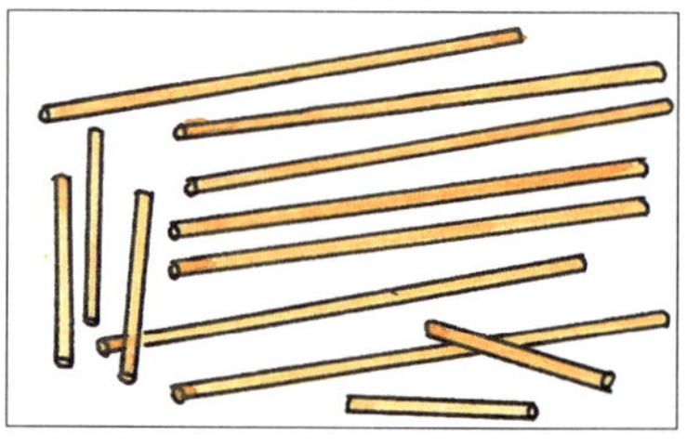

3 Die Spinne sitzt auf Ecke A.
Welche Ecken kann sie erreichen, wenn sie die angegebene Strecke auf den Kanten zurücklegt?
Notiere verschiedene Möglichkeiten.

3 a) A → B → ...
5 cm + 7 cm + ...

a) 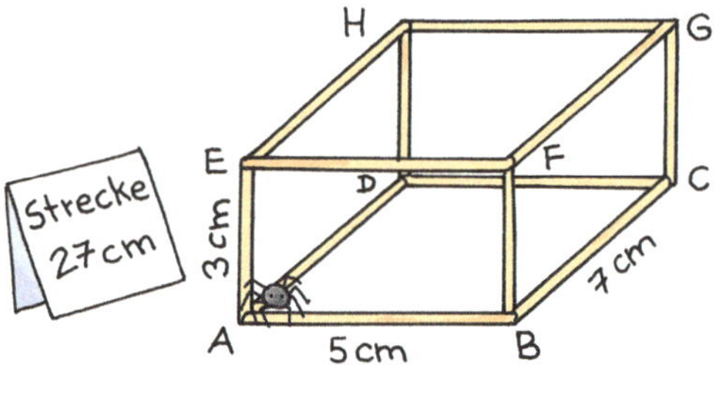

b) 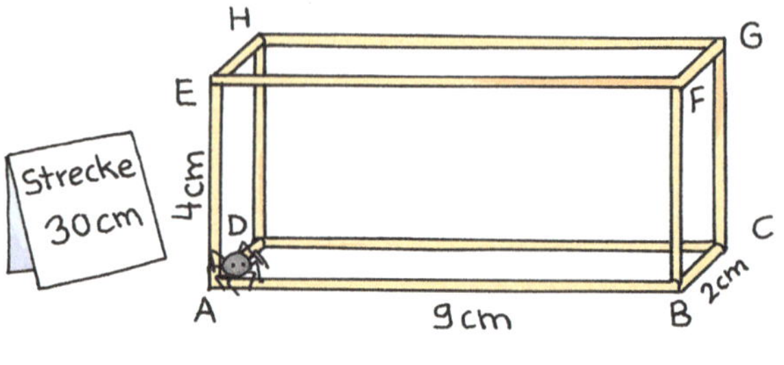

4 Welches Kantenmodell kann Flex aus dem Holzstab herstellen? Begründet.

AH S. 40

1 Kopiervorlage in der Handreichung/BiBox für Lehrer/-innen.

Quadernetze

1 a) Zeichnet die Figuren ab und schneidet sie aus. Könnt ihr sie zu einem Quader falten?

A
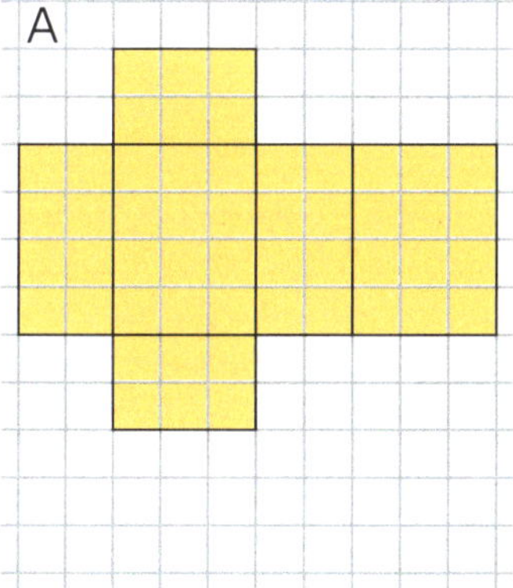
B
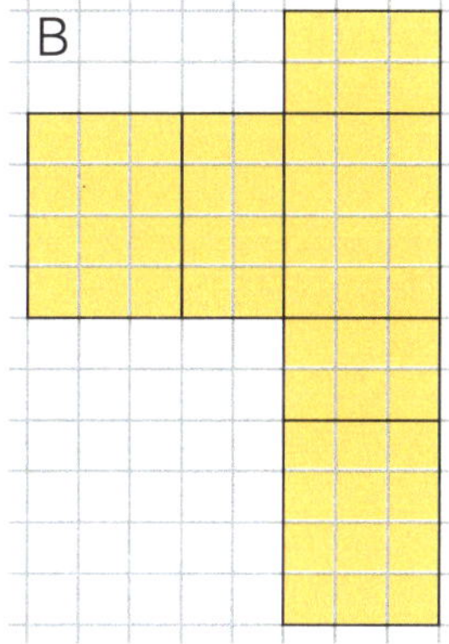
C
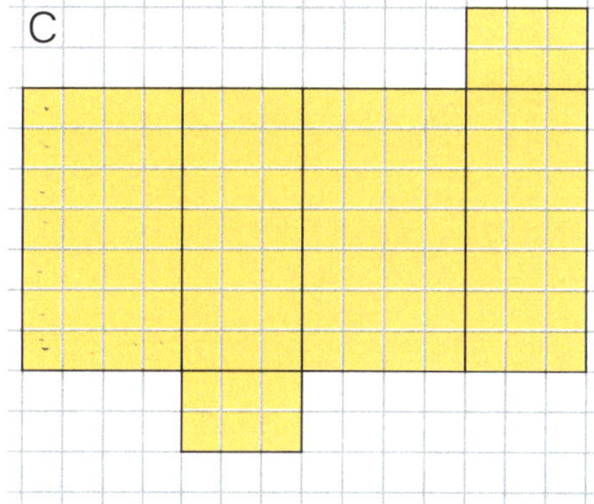

b) Findet weitere Quadernetze. Präsentiert eure Ergebnisse.

2 Hier fehlt eine Fläche. Zeichne ab und ergänze zu einem Quadernetz.

a)
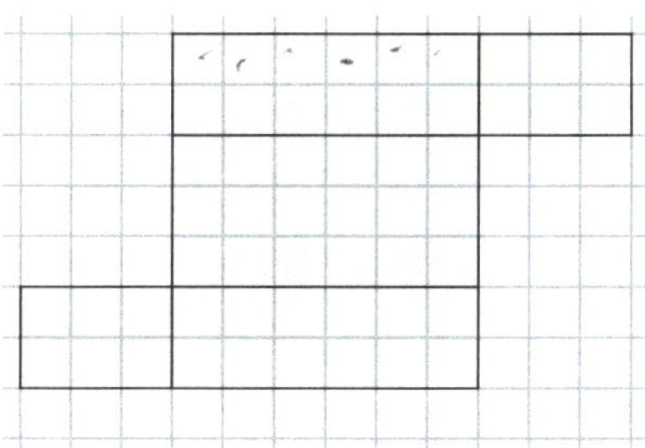
b)
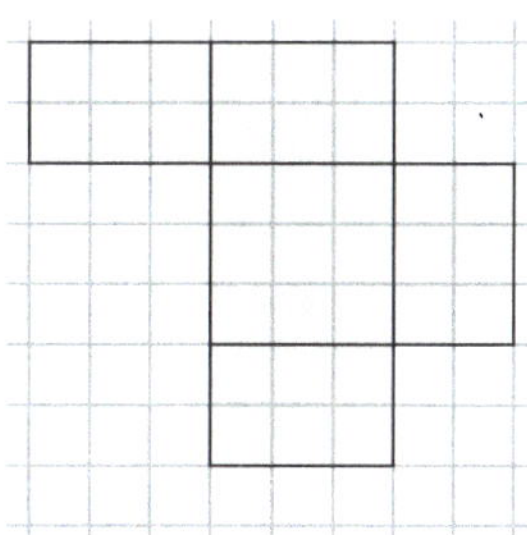
c)
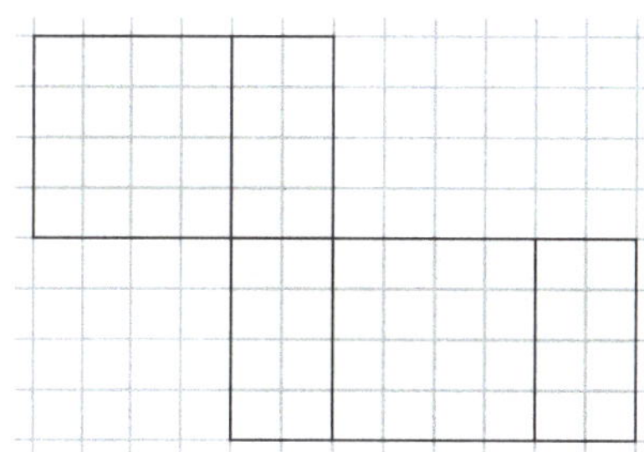

3 Aus welchen Figuren könnt ihr keinen Quader falten? Begründet.

a)
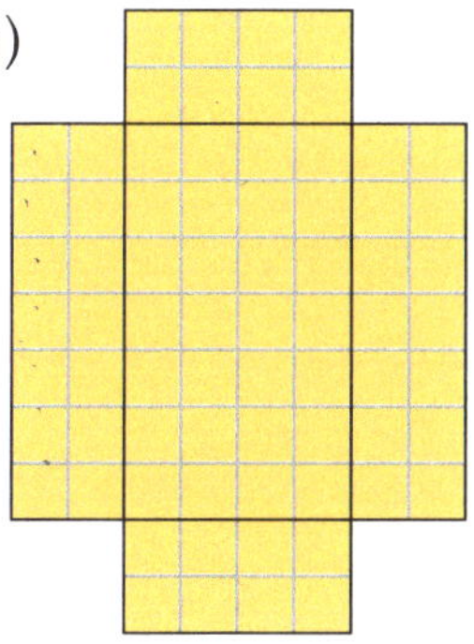
b)
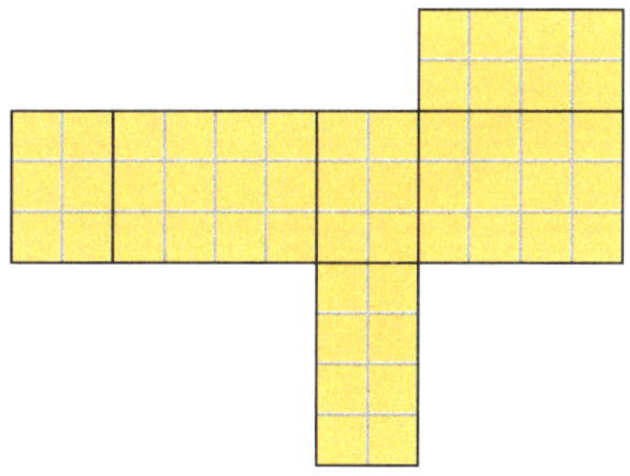
c)
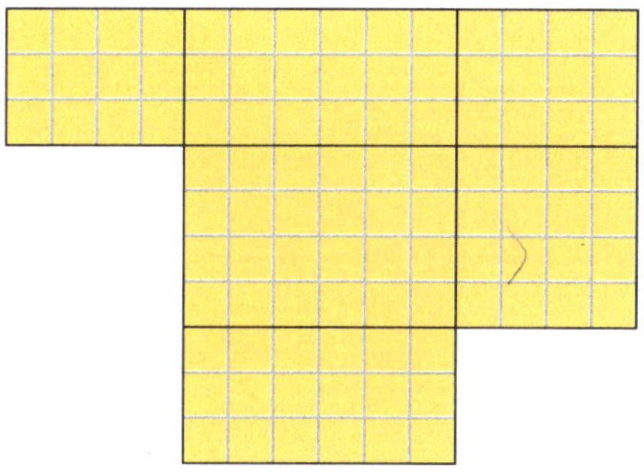

Quadernetze

1 a) Zeichne zu diesem Quader ein Netz.
b) Welche Flächen liegen sich nach dem Zusammenfalten gegenüber? Male sie in der gleichen Farbe an.

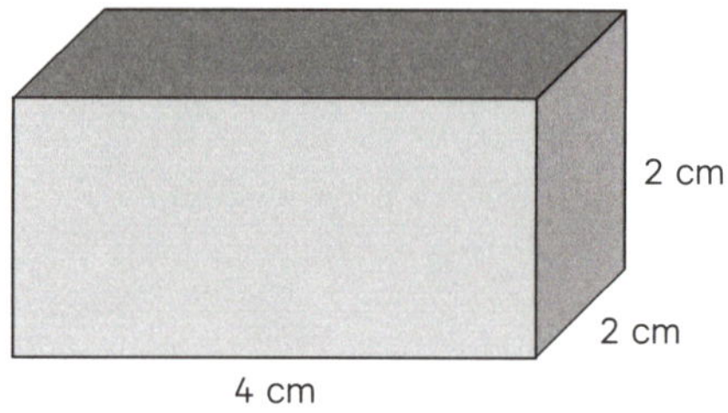

2 Zeichne die Netze ab und falte sie in Gedanken zu einem Quader. Die rote Fläche ist unten. Welche Fläche ist dann …

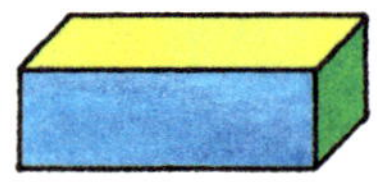

a) … vorn? Male sie blau an.
b) … rechts? Male sie grün an.
c) … links? Male sie braun an.
d) … hinten? Male sie orange an.
e) … oben? Male sie gelb an.

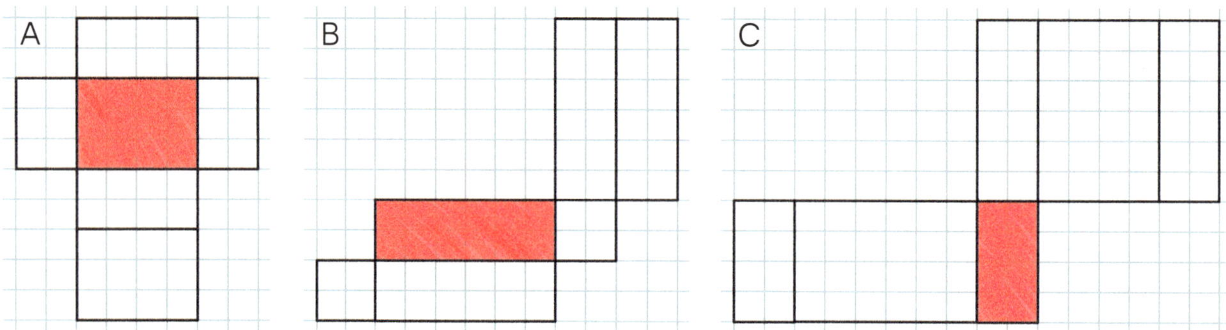

3 Welcher Quader passt zum Netz?

a)

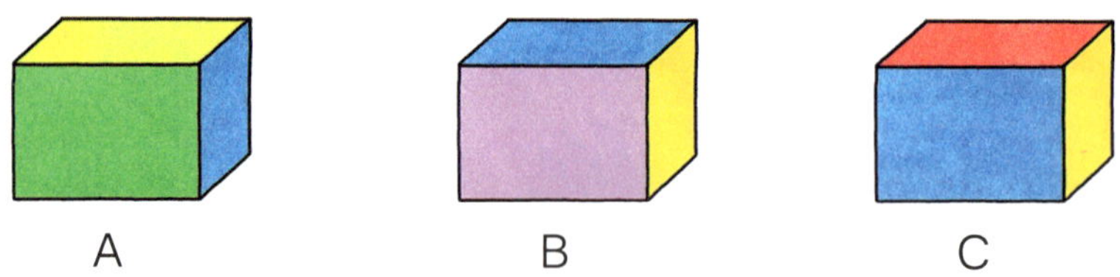

b)

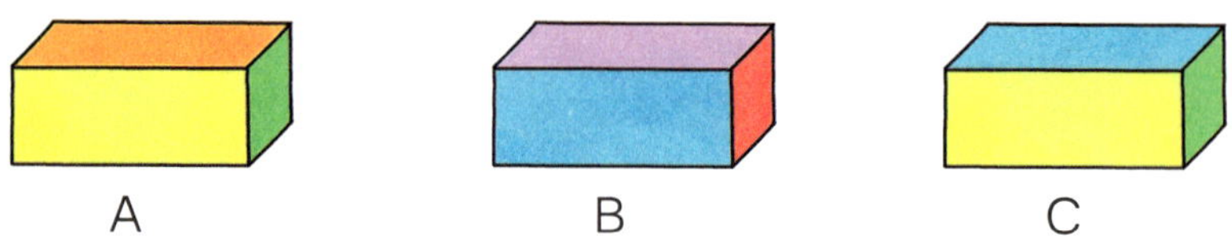

4 Der Quader wurde zur Hälfte gefärbt.
Zeichne das Quadernetz ab und färbe die Flächen passend.

a)

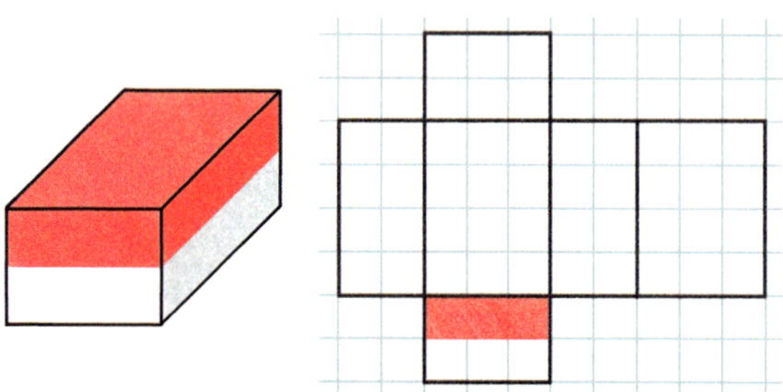

b)

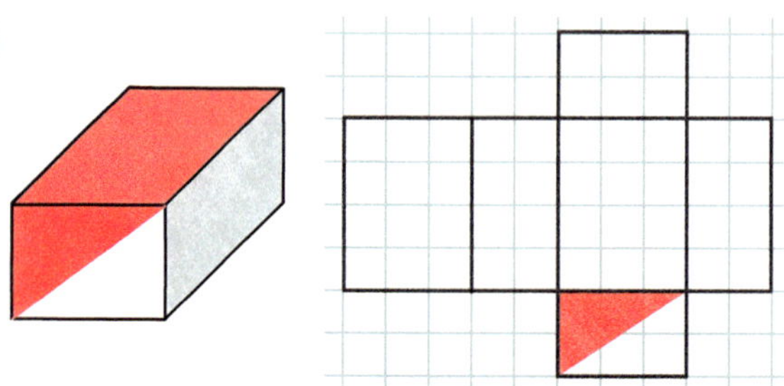

G1

AH S. 41

11 A-E

App-Anwendung: Geeignete App nutzen, um das Zusammensetzen von Körpernetzen und das Auffalten nachzuvollziehen und ggf. ausgesuchte Flächen einzufärben und deren Lage im Netz und am Körper miteinander abzugleichen.

Kippfolgen

1 Hat Flex recht? Begründet.

2 Kippe den Würfel in Gedanken auf das Feld. Welche Augenzahl liegt dann oben?

a) einmal nach links

b) einmal nach hinten

c) einmal nach rechts

d) einmal nach vorn

3 Kippe den Würfel in Gedanken. Welche Augenzahl liegt am Ende oben?

a) einmal nach hinten

b) einmal nach links und einmal nach hinten

c) einmal nach vorn und einmal nach rechts

4 Wie wurde der Würfel gekippt? Beschreibe eine mögliche Kippfolge.

a) Am Ende liegt die 2 oben.

b) Am Ende liegt die 5 oben.

c) Am Ende liegt die 6 oben.

5 Beschreibe eine Kippfolge zu diesem Würfel.
Dein Partnerkind nennt die Augenzahl, die am Ende oben liegt.

6 Immer der gleiche Würfel. Flo hat ihn unterschiedlich hingelegt.
Welche Farbe liegt jeweils unten?

A

B

C

D

1 Zeichne wie Flex.

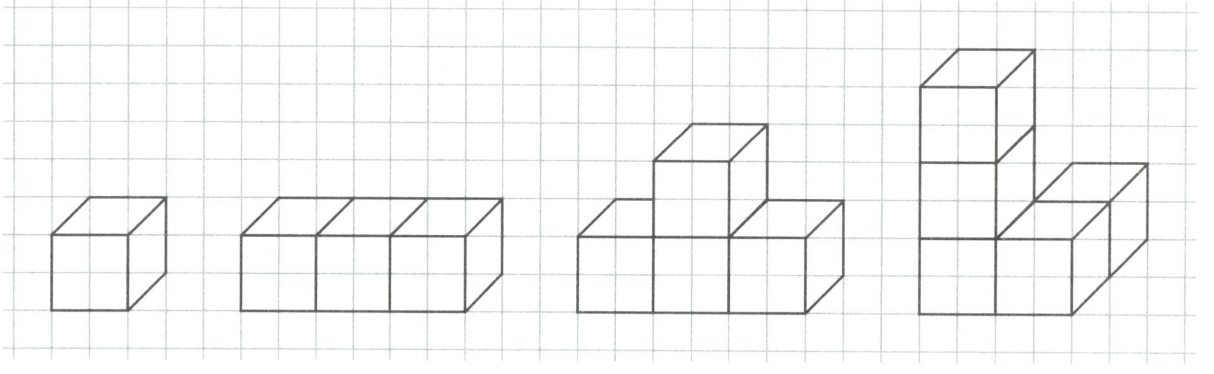

2 Zeichne wie Flo.

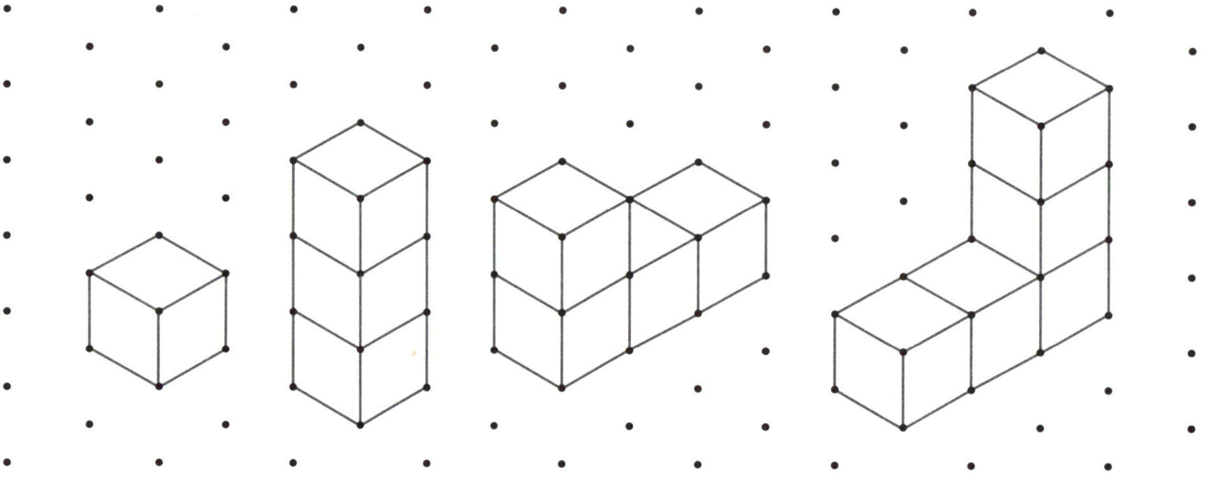

3 Baue mit Würfeln.
Zeichne deine Würfelgebäude auf.

AH S. 42

2 Kopiervorlage mit Punkteraster in der Handreichung/BiBox für Lehrer/-innen.
3 Auf Gitter- oder Punkteraster zeichnen.

Würfelgebäude

1 Wie hat Flex gerechnet?
Begründet.

2 Wie viele Würfel sind es? Schreibe die Rechnung in dein Heft.

a)

b)

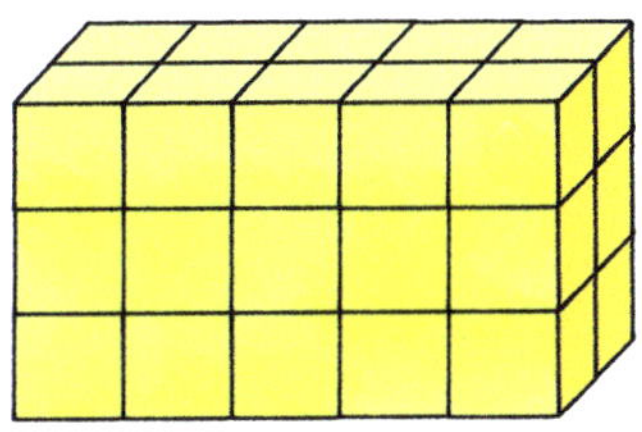

c)

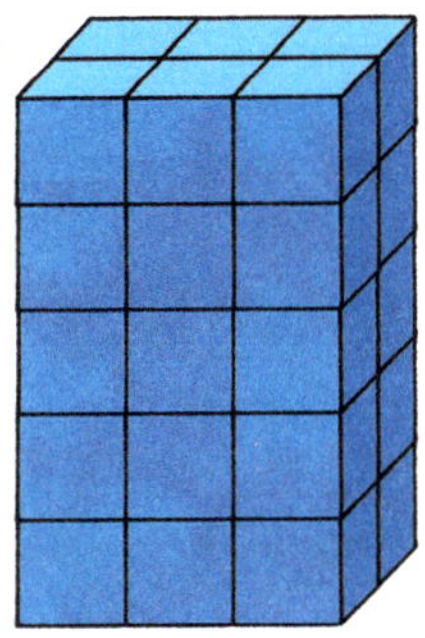

d)

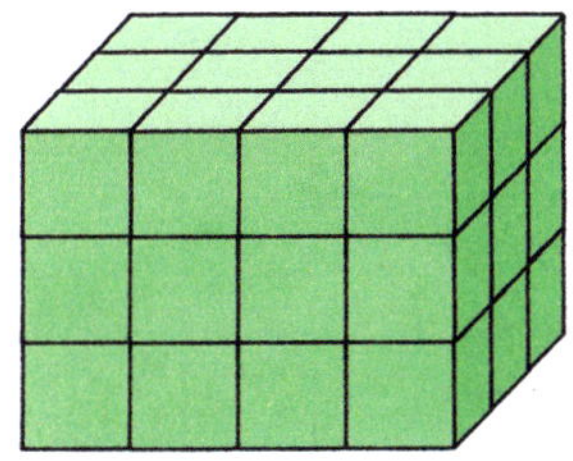

3 a) Wie viele Würfel passen in den Quader?

A

B

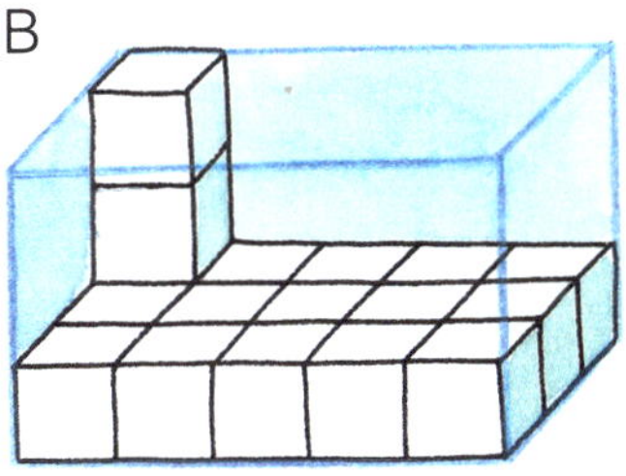

C

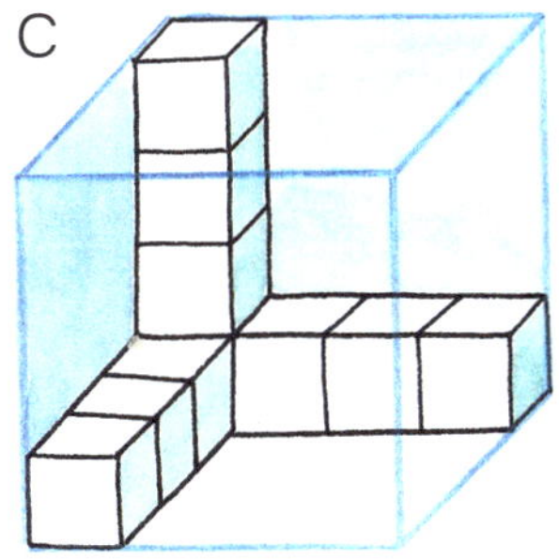

D

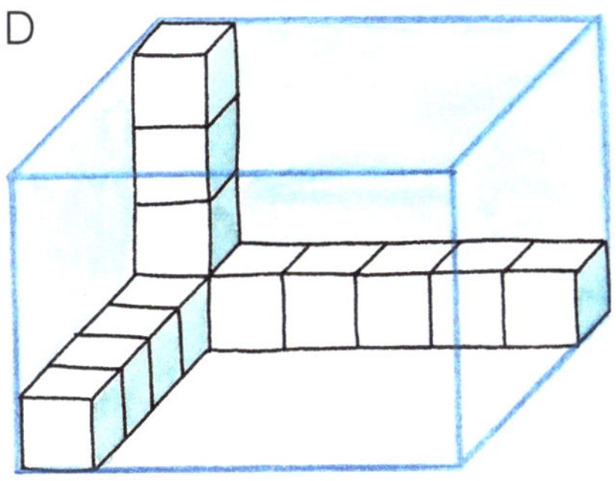

b) Wie viele Würfel fehlen noch?

4 Welche Ansichten des Würfelgebäudes wurden gezeichnet?

2	1	1
3	2	1

vorn | links | oben | hinten | rechts

a)

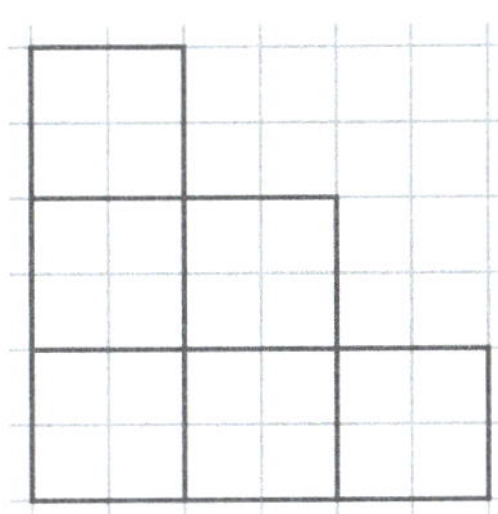

b)

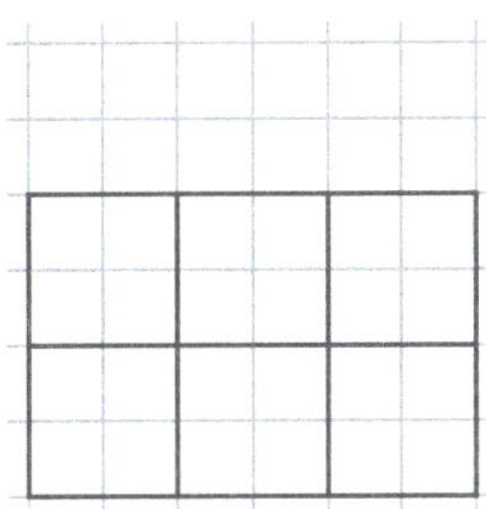

c)

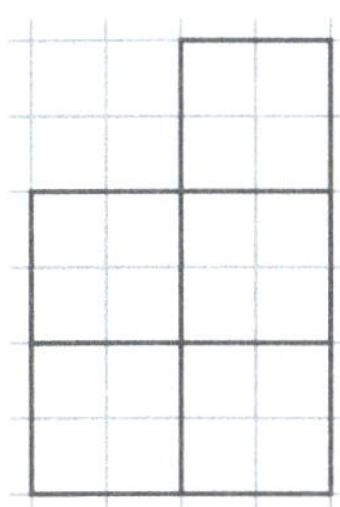

4 App-Anwendung: Ansichten des Würfelgebäudes nach Plan mit geeigneter App digital darstellen.

12 A-F
AH S. 42

Bauen mit Winkelsteinen

1

Stimmt das? Überprüft.

a) Aus vier Winkelsteinen kann man ein Gebäude mit rechteckiger Grundfläche bauen.

b) Aus zwei Winkelsteinen kann man ein Gebäude mit quadratischer Grundfläche bauen.

c) Aus drei Winkelsteinen kann man einen Würfel bauen.

d) Aus vier Winkelsteinen kann man einen Quader bauen.

2 Zeichne die Gebäude aus Winkelsteinen ab.
Färbe jeden Winkelstein in einer anderen Farbe.
Aus wie vielen Winkelsteinen bestehen die Gebäude?

a)

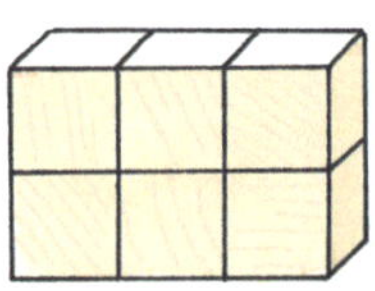

b)

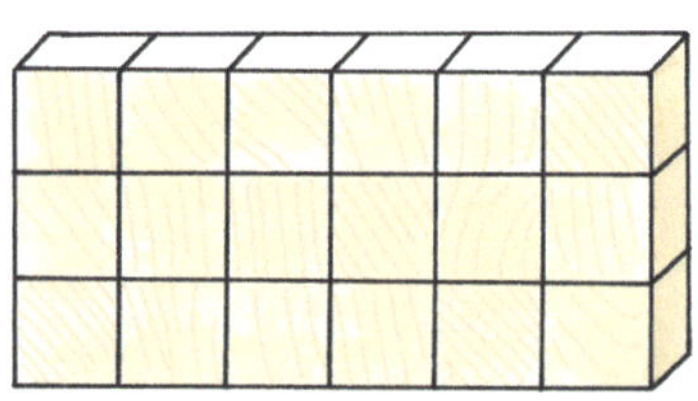

c)

3 Aus wie vielen Winkelsteinen bestehen die Gebäude?

a)

b)

c)

d)

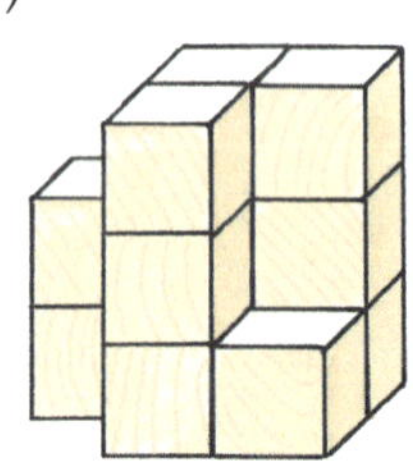

4 Baue ein Gebäude aus Winkelsteinen.

a) Notiere den Bauplan.

b) Gib den Bauplan deinem Partnerkind.
Es baut dein Gebäude nach.

2 Auf Gitter- oder Punkteraster zeichnen. Es gibt verschiedene Möglichkeiten der Anordnung der Winkelsteine. Hierdurch ergeben sich unterschiedliche Färbungen.

4 **Fotografie:** Eigene Gebäude bauen, fotografieren und präsentieren, ggf. ausdrucken und eine Kartei zum Nachbauen und Notieren der Baupläne für die Klasse erstellen.

Winkelsteine – Ansichten

1

2 Welche Ansichten des Gebäudes wurden gezeichnet?

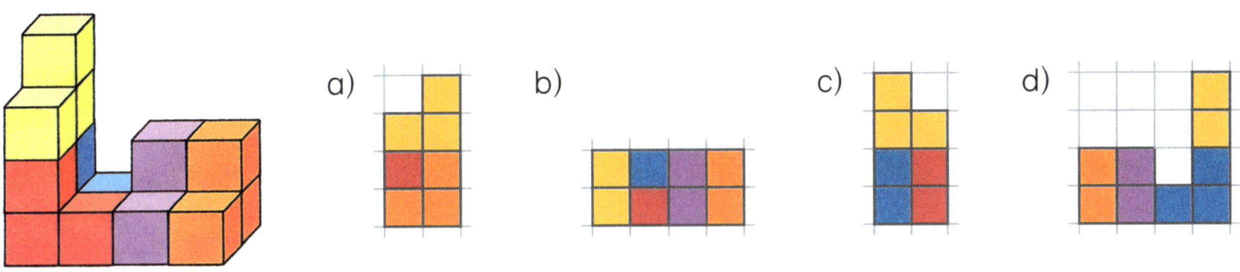

3 Zeichne die Ansichten in dein Heft.
Schreibe auf, von welcher Seite die Gebäude jeweils gezeichnet wurden.
Färbe die Ansichten passend.

a)

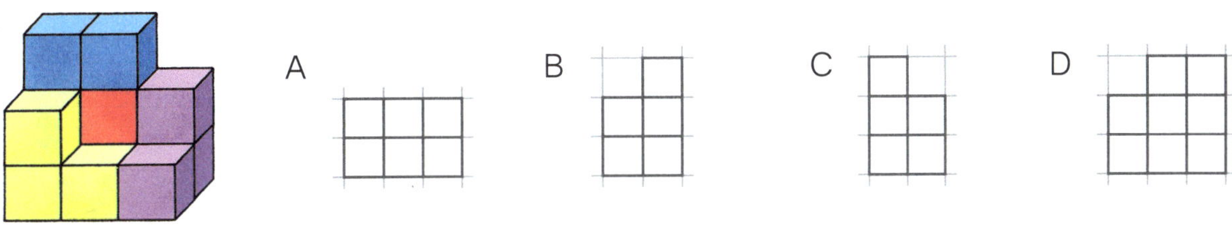

b)

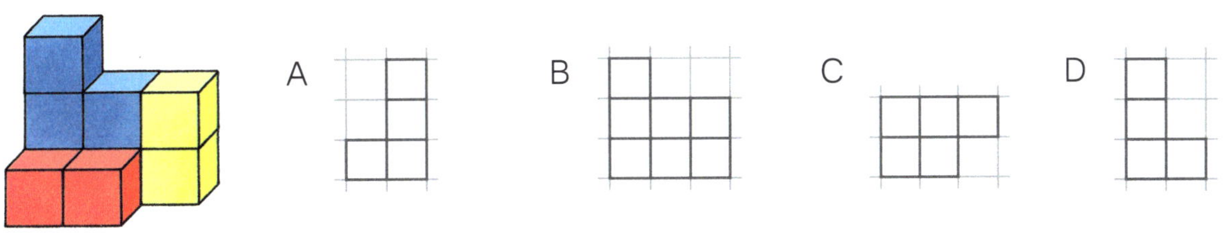

4 Zeichne die Ansichten der Gebäude von vorn, von oben und von rechts.

a)

b)

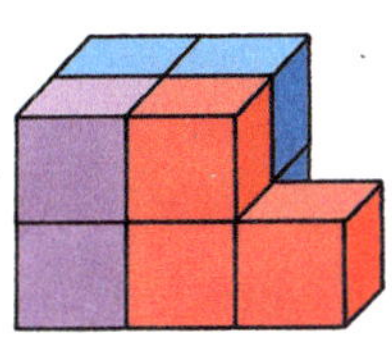

c)

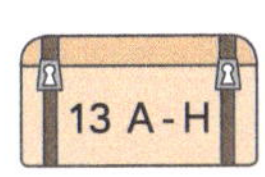

Gerade

Eine Gerade ist eine gerade Linie.
Sie hat keine Endpunkte.

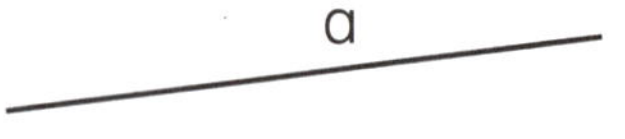

Schnittpunkt

Wenn zwei Geraden einander treffen, entsteht ein Schnittpunkt (S).

Strecke

Eine Strecke wird durch zwei Endpunkte bestimmt.

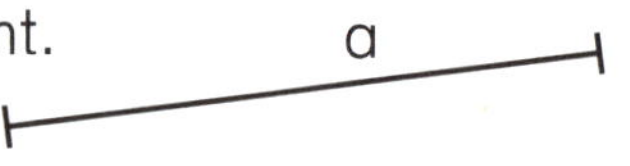

Strahl

Ein Strahl hat einen Anfangspunkt und keinen Endpunkt.

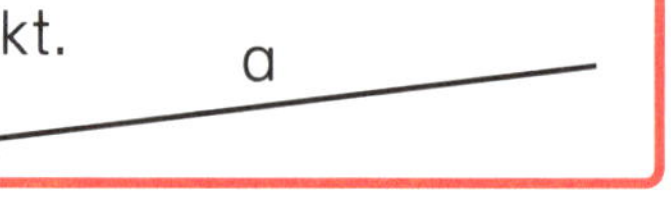

1 Wie viele Geraden sind es? Wie viele Schnittpunkte siehst du?

a) 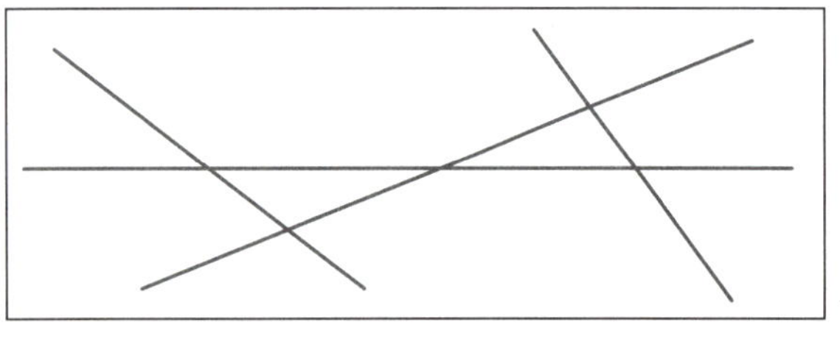

b) 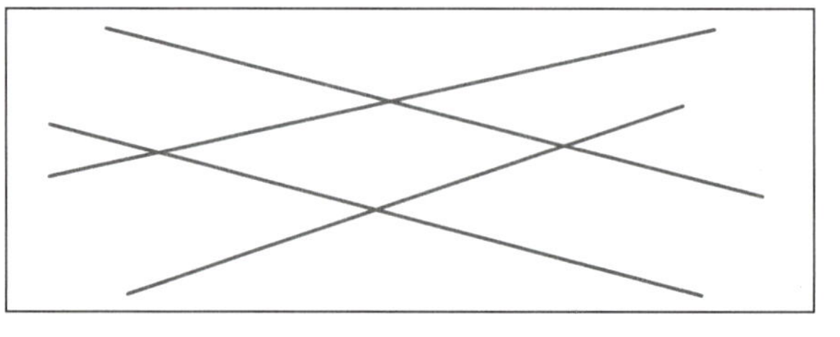

2 Zeichnet Geraden. Sie sollen sich möglichst oft schneiden.
Wie viele Schnittpunkte findet ihr …

a) bei zwei Geraden? b) bei drei Geraden? c) bei vier Geraden?

3 Zeichne zwei Strahlen, die einen Schnittpunkt haben.

4 Miss die Länge der Strecken mit dem Lineal. Schreibe in cm und mm.

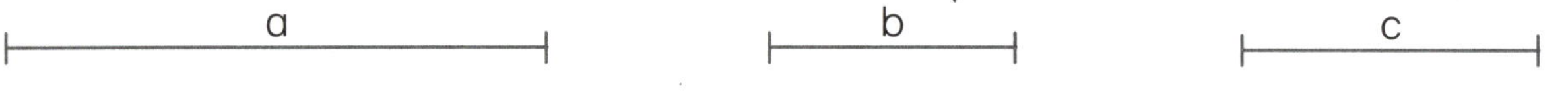

5 Zeichne die Strecken in dein Heft.

a) 5 cm b) 10 cm c) 5 cm 6 mm d) 11 cm 5 mm e) 7 cm 3 mm

Rechter Winkel – Senkrecht

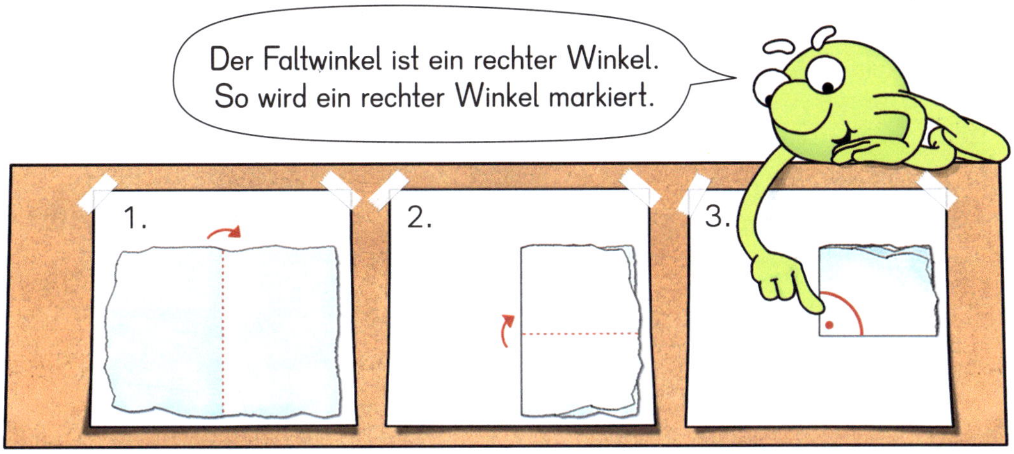

Zwei Geraden sind **senkrecht** zueinander, wenn sie einen **rechten Winkel** bilden.

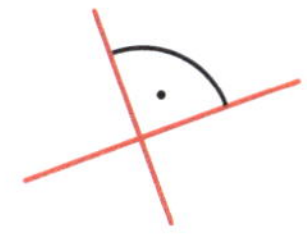

1 a) Faltet aus einem Blatt Papier einen Faltwinkel.
b) Wo findet ihr in eurer Umgebung rechte Winkel? Prüft mit dem Faltwinkel.

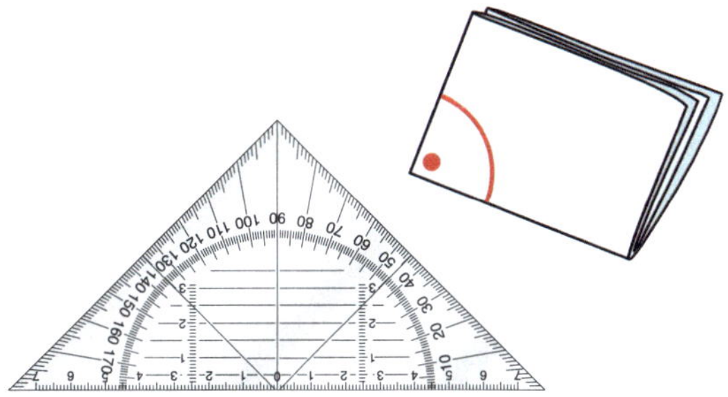

2 Wo findet ihr an eurem Geodreieck rechte Winkel? Prüft mit dem Faltwinkel.

3 Welche Geraden sind senkrecht zueinander? Prüfe mit dem Geodreieck. Schreibe auf.

3) __ ist senkrecht zu __

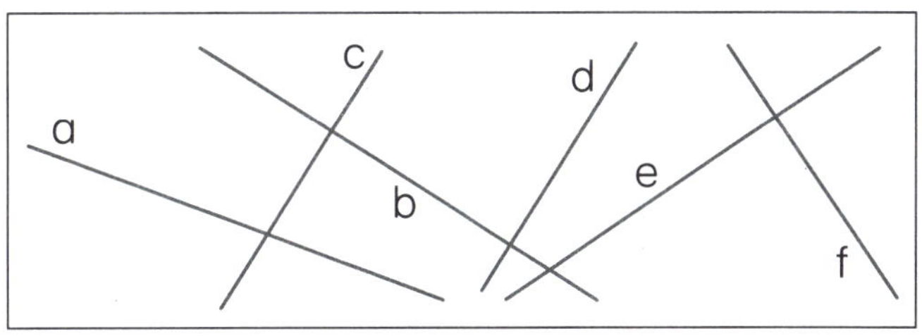

4 Wie viele rechte Winkel haben die Figuren? Prüfe mit dem Geodreieck.

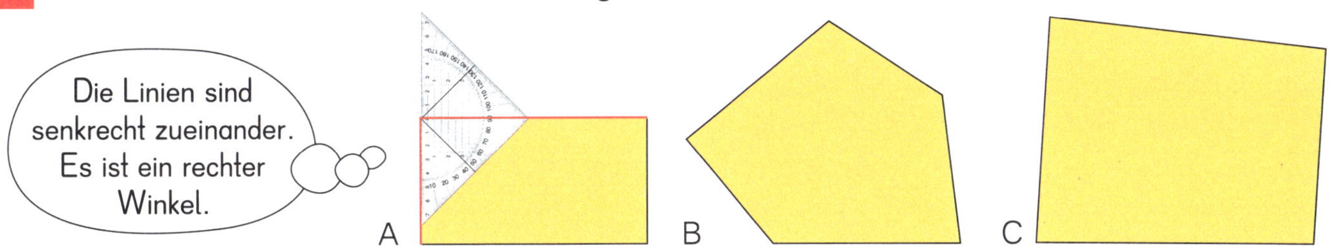

5 a) Zeichne die Flächen in dein Heft.
b) Finde mit dem Geodreieck die rechten Winkel. Trage die rechten Winkel ein und färbe die zueinander senkrechten Linien rot.

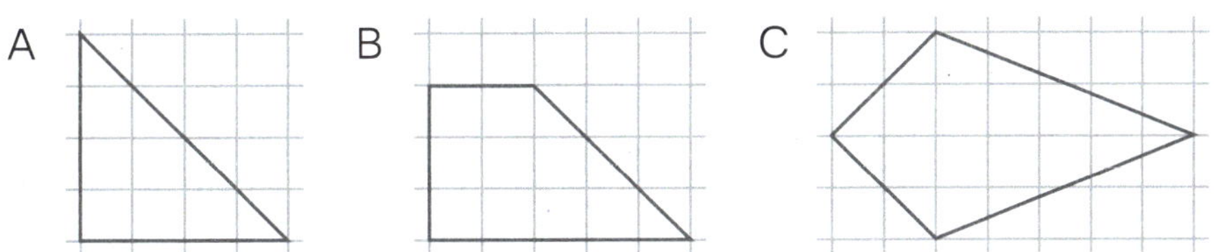

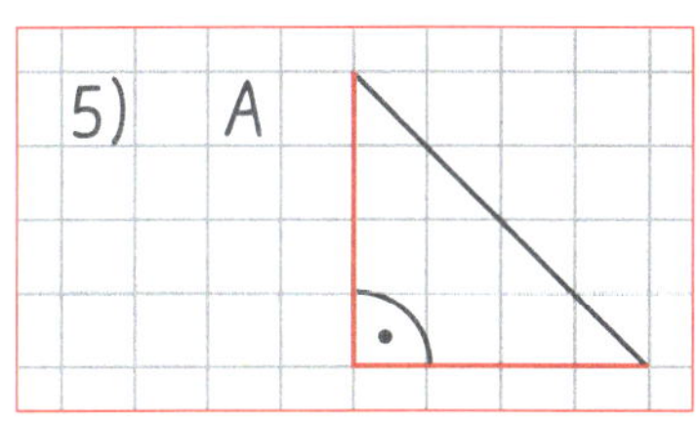

AH S. 43

Zwei Geraden sind **parallel** zueinander, wenn sie überall den gleichen Abstand haben.

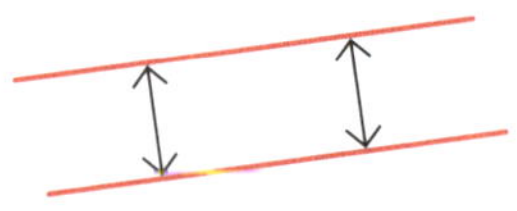

1 Wo findet ihr in eurer Umgebung parallele Linien?

2 Welche Geraden sind parallel zueinander? Prüfe mit dem Geodreieck. Schreibe auf.

2) ___ ist parallel zu ___

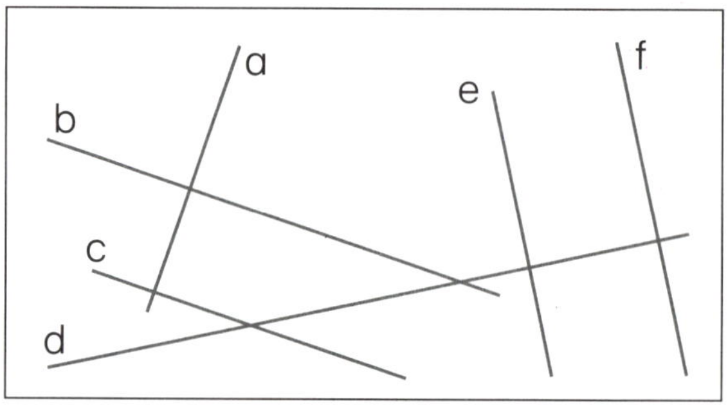

3 Parallel oder nicht? Prüfe mit dem Geodreieck.

a)
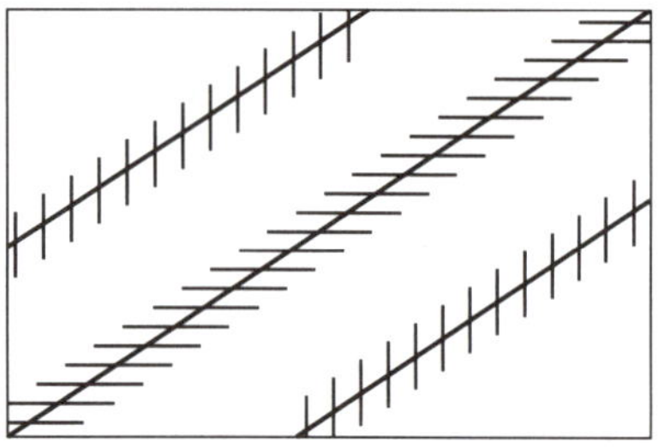
b)
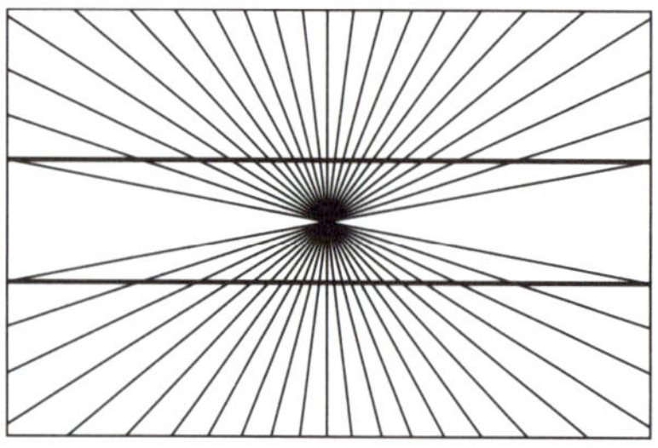
c)

4 Müssen die Schienen einer Achterbahn parallel zueinander sein? Begründet.

AH S. 43

1 **Fotografie:** Beispiele in der Umwelt fotografieren, präsentieren und beschreiben: Welche Linien sind parallel zueinander? Welche Linien sind waagerecht?
Erklärvideo: Parallel

Zeichnen mit dem Geodreieck

So zeichnest du mit dem Geodreieck parallele Geraden mit dem Abstand 2 cm.

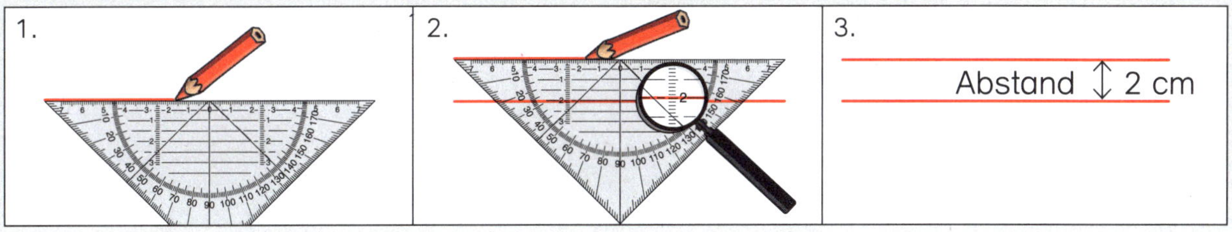

1 Zeichne drei parallele Geraden mit dem Abstand.

a) 1 cm   b) 2 cm   c) 2 cm 5 mm   d) 3 cm 5 mm   e) 5 mm

So zeichnest du mit dem Geodreieck ein Rechteck.
Eine Seite des Rechtecks ist 7 cm lang, die andere Seite ist 5 cm lang.

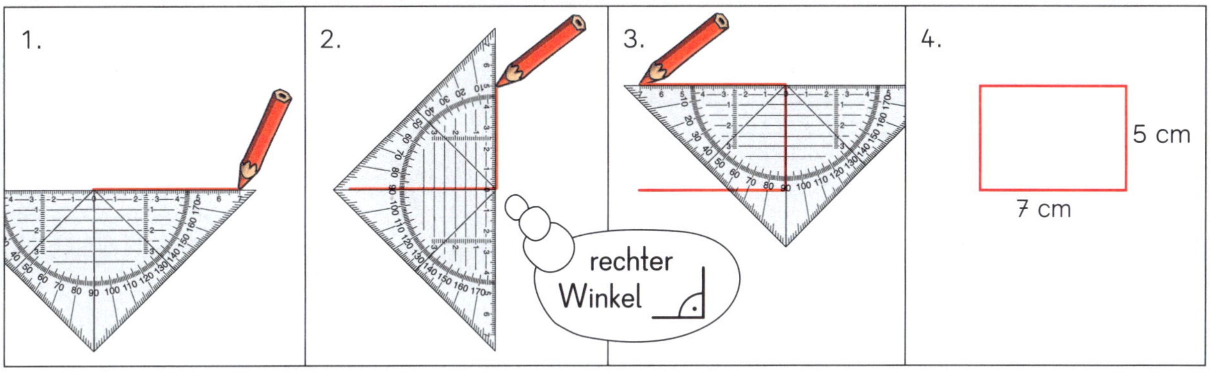

2 Zeichne diese Rechtecke.

a) Eine Seite ist 7 cm, die andere 4 cm lang.

b) Eine Seite ist 4 cm, die andere 5 cm lang.

c) Eine Seite ist 6 cm, die andere 3 cm lang.

3 Zeichne Quadrate mit dieser Seitenlänge.   a) 4 cm   b) 6 cm   c) 5 cm 5 mm

4 Zeichne erst das Rechteck und dann das Muster.
Eine Seite ist 7 cm, die andere 4 cm lang.

a) 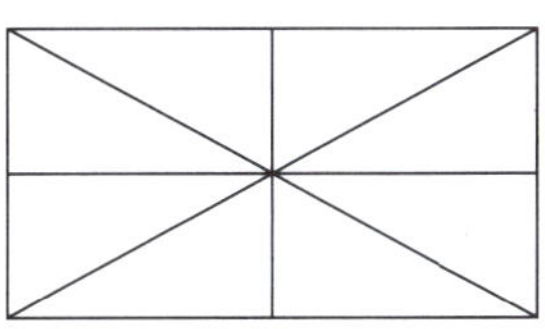

b) 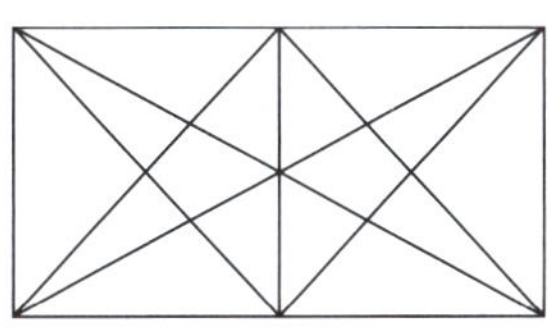

c) 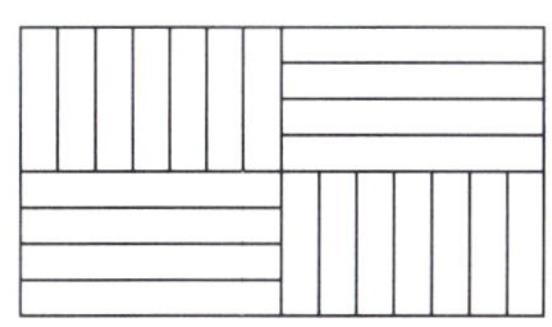

5 Der Künstler Piet Mondrian hat auf seinen Bildern nur wenige Formen, Linien und Farben verwendet.

Gestalte ein eigenes Bild wie Mondrian.
Zeichne erst mit dem Geodreieck parallele und zueinander senkrechte Linien.
Male dann einzelne Felder blau, rot, schwarz und gelb an.

Komposition mit großer roter Fläche, Gelb, Schwarz, Grau und Blau, 1921
© 2014 Mondrian/Holtzman Trust c/o HCR International USA

Blankopapier nutzen.
2 Kopiervorlage für linkshändige Kinder in der Handreichung/BiBox für Lehrer/-innen.
5 **Fotografie:** Eigene Bilder fotografieren und für eine digitale Pinnwand nutzen.

AH S. 43-44

1 Welche dieser Flächen sind Trapeze? Prüfe mit dem Geodreieck.

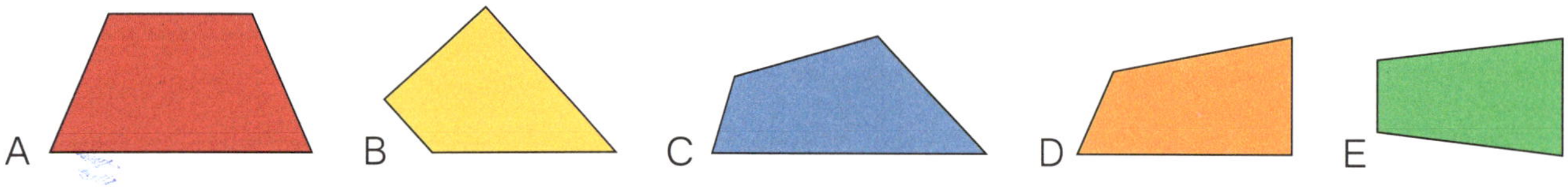

2 a) Welche dieser Flächen sind Parallelogramme? Prüfe mit dem Geodreieck.

b) Zwei der Parallelogramme kennst du auch unter anderen Namen. Welche sind es und wie heißen sie?

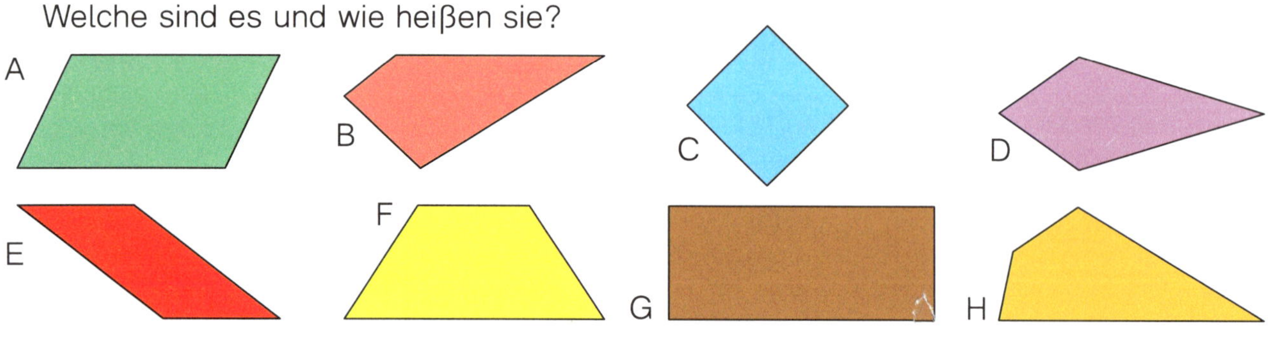

3 Übertrage die Zeichnungen in dein Heft und vervollständige sie zu einem …

a) Rechteck. b) Quadrat. c) Trapez. d) Parallelogramm.

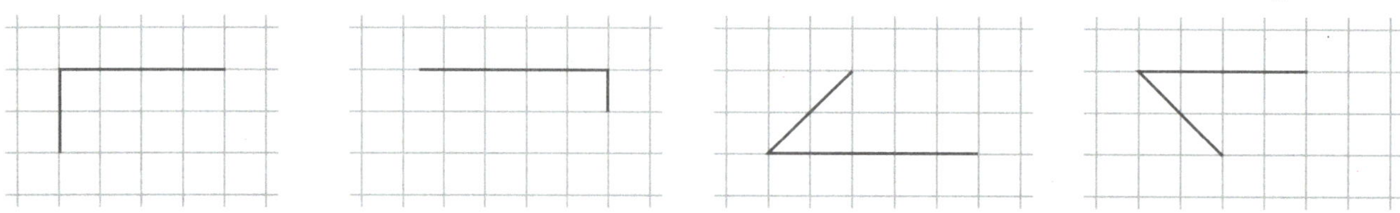

Flex und Flo haben Vierecke sortiert.

1 Setze den passenden Fachbegriff ein und schreibe die Texte in dein Heft.

Viereck | Trapez | Quadrat | Parallelogramm | Rechteck

a) Ein ■ ist ein Viereck, bei dem mindestens zwei Seiten parallel sind.

b) Ein ■ ist ein Viereck, bei dem die gegenüberliegenden Seiten parallel und gleich lang sind. Die Seiten sind senkrecht zueinander und bilden vier rechte Winkel.

c) Ein ■ ist ein Viereck, bei dem die gegenüberliegenden Seiten parallel und gleich lang sind.

d) Ein ■ hat immer vier Ecken und vier Seiten.

e) Ein ■ ist ein Viereck, bei dem die gegenüberliegenden Seiten parallel und alle Seiten gleich lang sind. Die Seiten sind senkrecht zueinander und bilden vier rechte Winkel.

2 Überlegt gemeinsam: Welche Aussagen stimmen? Schreibt diese in eure Hefte.

a) Jedes Quadrat ist ein Viereck.
b) Jedes Viereck ist ein Quadrat.
c) Jedes Parallelogramm ist ein Trapez.
d) Jedes Rechteck ist ein Trapez.
e) Ein Trapez ist immer ein Parallelogramm.
f) Jedes Quadrat ist ein Rechteck.
g) Jedes Quadrat ist auch ein Rechteck, ein Parallelogramm, ein Trapez und ein Viereck.
h) Trapez und Parallelogramm sind keine Vierecke.

3 Schreibe eigene Aussagen wie in Aufgabe 2.
Dein Partnerkind überprüft und begründet.

AH S. 45

1 Welche Form hat jeweils die Schnittfläche? Ordne zu.

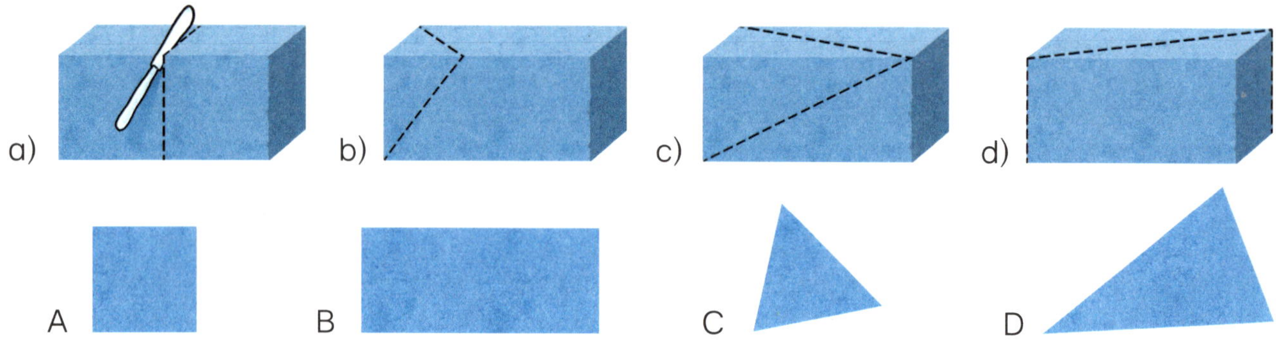

2 Flo schneidet an der gestrichelten Linie entlang. Welche Flächen entstehen?

Trapez	Parallelogramm	Rechteck	Dreieck	Quadrat

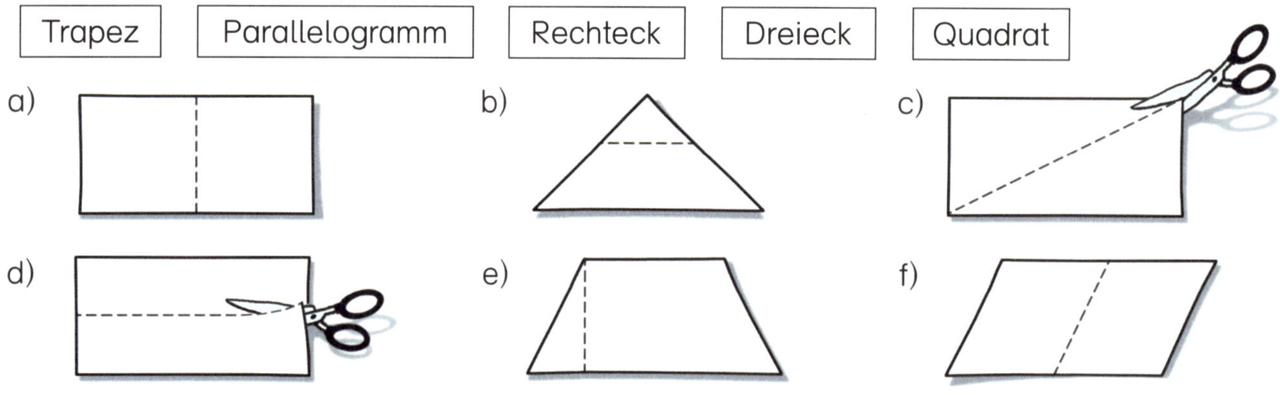

3 Zeichne vier Quadrate mit der Seitenlänge 3 cm.
Zerlege jeweils ein Quadrat durch eine gerade Linie in …

a) zwei Rechtecke, b) zwei Dreiecke, c) ein Dreieck und ein Fünfeck, d) zwei Trapeze.

4 a) Übertrage das Sechseck in dein Heft. Zerlege es mit einer geraden Linie in zwei Trapeze.

b) Übertrage das Achteck. Zerlege es mit zwei geraden Linien in ein Rechteck und zwei Trapeze.

c) Zeichne ein zweites Achteck. Zerlege es mit einer geraden Linie in zwei Sechsecke.

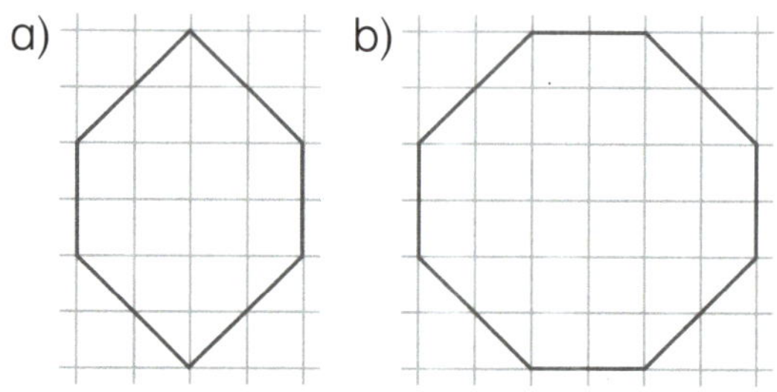

Flächen – Kreis

Ein Kreis hat
einen **Mittelpunkt** (M),
einen **Radius** (r) und
einen **Durchmesser** (d).

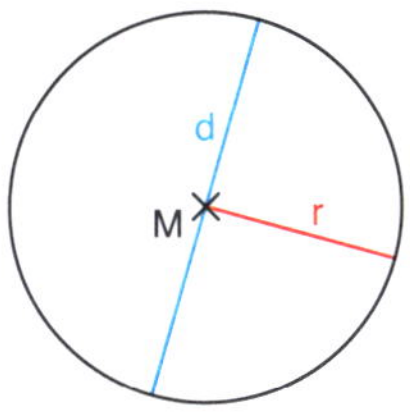

So zeichnest du mit dem Zirkel einen Kreis mit dem Radius 2 cm.

1.

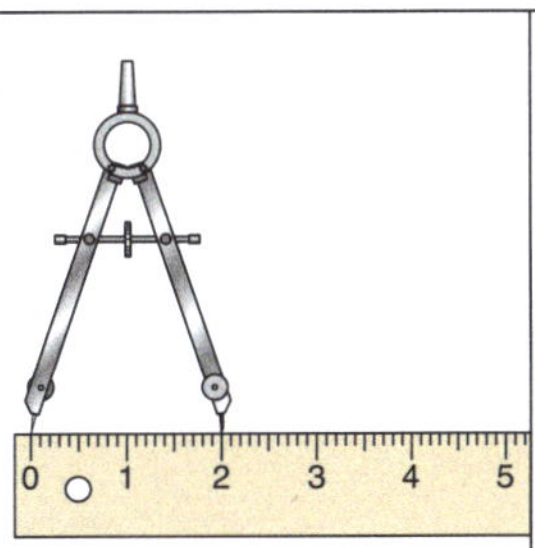

Radius einstellen

2.

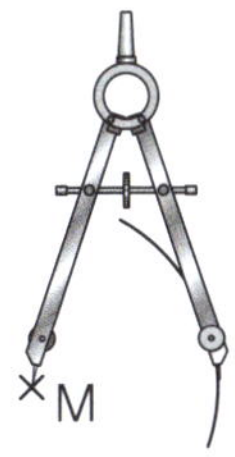

Mittelpunkt markieren, Zirkel einstechen

3.

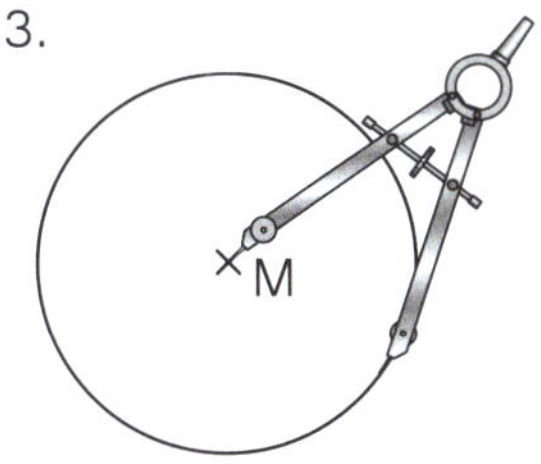

Kreis mit dem Zirkel zeichnen

1 Zeichne einen Kreis mit dem Radius …
a) 3 cm, b) 5 cm, c) 6 cm.

Wie groß ist jeweils der Durchmesser des Kreises?
Miss und vergleiche bei jedem Kreis den Radius und den Durchmesser.

Schreibe den Satz vollständig in dein Heft: Der Durchmesser eines Kreises ist immer …

2 Zeichne einen Kreis mit diesem Radius.

a) 4 cm b) 2 cm c) 3 cm 5 mm d) 2 cm 5 mm e) 4 cm 5 mm

3 Zeichne einen Kreis mit diesem Durchmesser.

a) 4 cm b) 8 cm c) 5 cm d) 7 cm e) 8 cm 6 mm

4 Zeichne eigene Bilder mit Kreisen auf ein Blatt Papier.

Blankopapier nutzen.
4 **Fotografie:** Eigene Bilder mit Kreisen zeichnen, fotografieren, präsentieren und für eine digitale Pinnwand nutzen.

AH S. 46

1 Zeichne die Muster nach. Zeichne erst eine Hilfslinie.
Die roten Punkte zeigen, wo die Mittelpunkte der Kreise sind und wo du die Zirkelspitze einstechen musst.
Wähle den Radius 3 cm.

a)

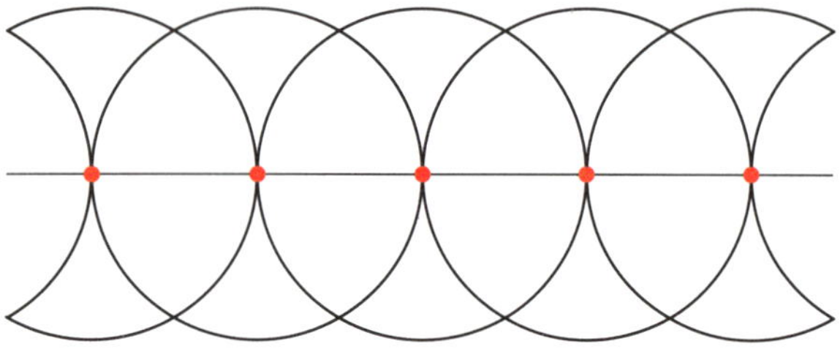

b)

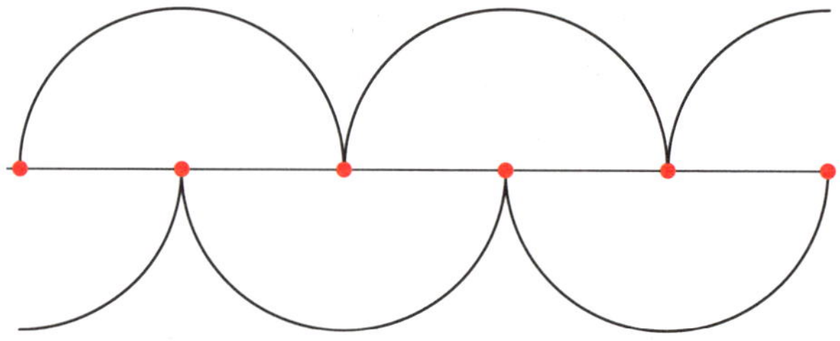

c)

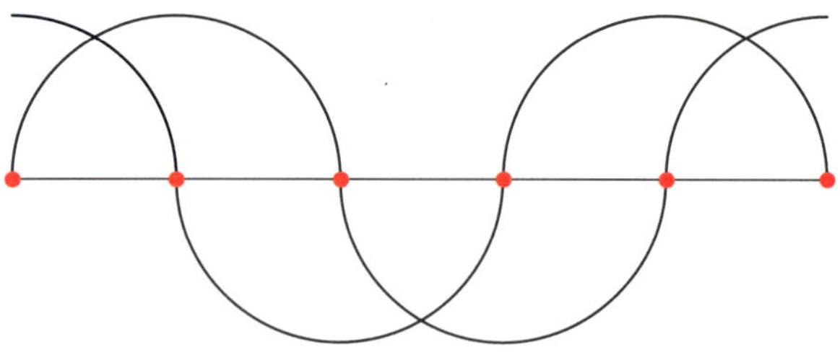

d)

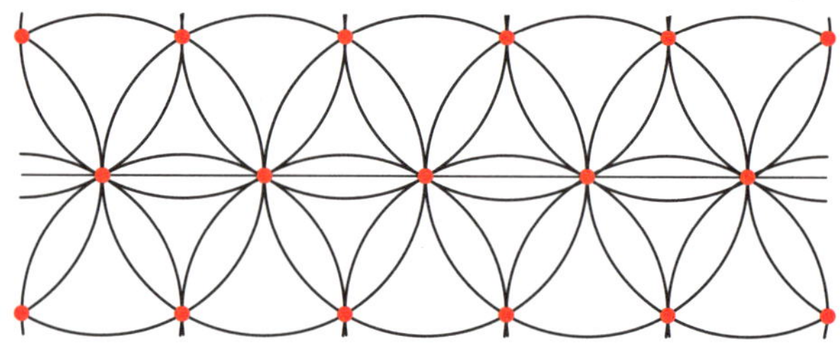

2 Zeichne die Muster nach.
Zeichne erst ein Quadrat mit der Seitenlänge 6 cm.
Finde die Punkte, wo du die Zirkelspitze einstechen musst, und stelle den passenden Radius am Zirkel ein.

a)

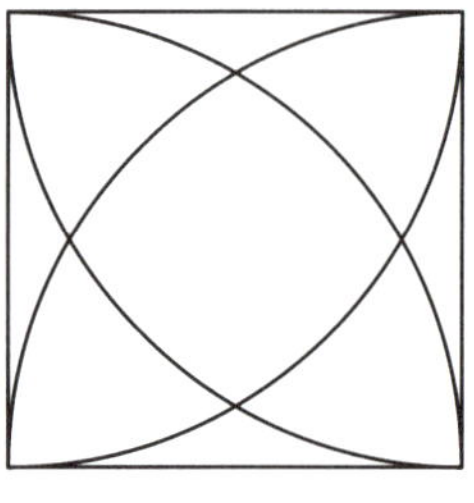

b)

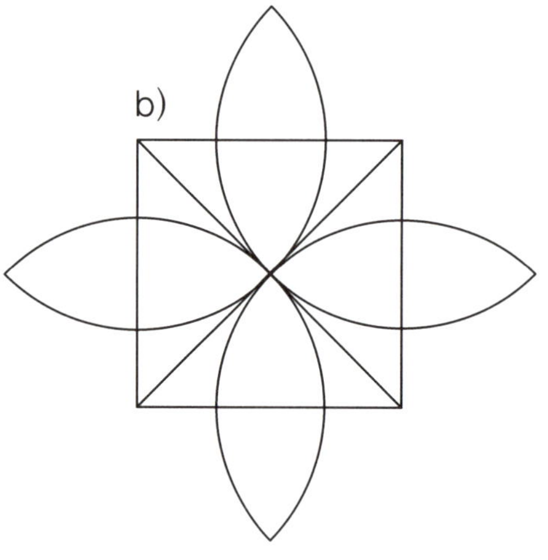

c)

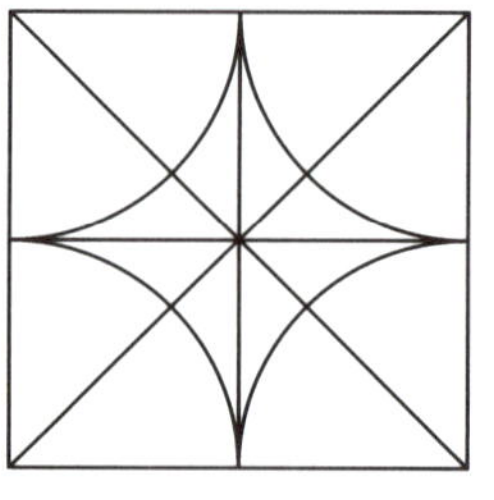

d)

3 Erfinde eigene Muster mit Kreisen.

4 Zeichne ein Quadrat mit der Seitenlänge 5 cm.

a) Zeichne mit dem Zirkel einen Kreis in das Quadrat.
Der Kreis soll jede Seite des Quadrats genau einmal berühren.

b) Zeichne mit dem Zirkel einen Kreis um das Quadrat.
Der Kreis soll jede Ecke des Quadrats berühren.

Blankopapier nutzen.
3 **Fotografie:** Eigene Muster fotografieren und präsentieren, ggf. ausdrucken und nachzeichnen.
4 **Videoaufnahme:** Erklärfilm zu den Lösungsstrategien aufnehmen.

AH S. 46

Das ist ein Bild des Künstlers Wassily Kandinsky.

Wassily Kandinsky: Composition VIII, 1923

1 Wo sind im Bild … a) Quadrate, b) Rechtecke, c) Kreise, d) Trapeze, e) Dreiecke?
Zeige deinem Partnerkind die Flächen im Bild.

2 Wo findet ihr die Ausschnitte im Bild?

A Zwei Geraden schneiden sich in einem Kreis.

B Ein Dreieck hat einen rechten Winkel.

C Ein halber Kreis wird von zwei parallelen Geraden geschnitten.

3 Beschreibe selbst Bildausschnitte. Dein Partnerkind sucht sie im Bild.

4 Welche Beschreibung passt zu welchem Bildausschnitt? Ordnet zu.

① 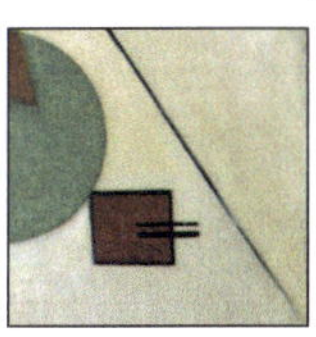

② 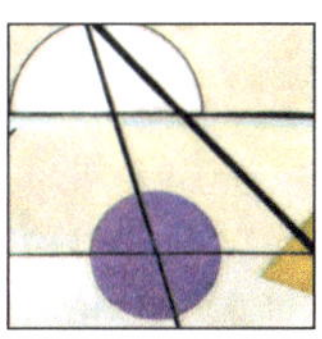

③ 

④ 

A Vier Geraden schneiden sich. Zwei Geraden sind parallel zueinander.

B Sechs Geraden schneiden sich und bilden vier Quadrate.

C Zwei parallele Geraden schneiden ein Rechteck.

5 Gestalte ein eigenes Bild. In deinem Bild soll es drei parallele Geraden und zwei senkrechte Geraden, ein Trapez, zwei Rechtecke und drei Kreise geben.

4 Ein Bildausschnitt bleibt übrig.

Recherche: Zur Verwendung geometrischer Formen in der Malerei recherchieren, Beispiele sammeln und präsentieren.

Parkettierungen

1 Wo findet ihr in eurer Umgebung Parkettierungen?
Zeichnet oder fotografiert die Muster. Gestaltet ein Plakat.

2 Parkettiere und verwende dabei eine dieser Formen. Zeichne in dein Heft.

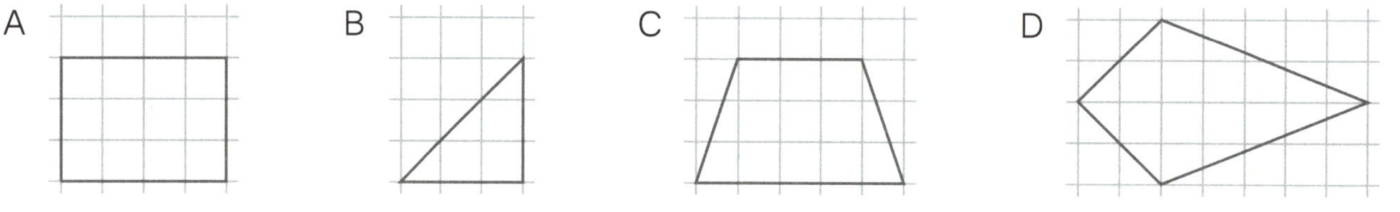

3 Erfinde eine eigene Schablone zum Parkettieren. Verwende festes Papier.

1.	2.	3.
 Zeichne an einer Seite des Blattes eine Form auf. Schneide sie aus.	 Klebe das ausgeschnittene Teil an der gegenüberliegenden Seite wieder an.	 Nutze die Schablone zum Parkettieren.

4 Du kannst auch eine Schablone herstellen, indem du an mehreren Seiten des Blattes etwas ausschneidest. Wichtig ist, dass die ausgeschnittenen Teile genau an der gegenüberliegenden Seite wieder angeklebt werden.
Erfinde eine eigene Schablone.

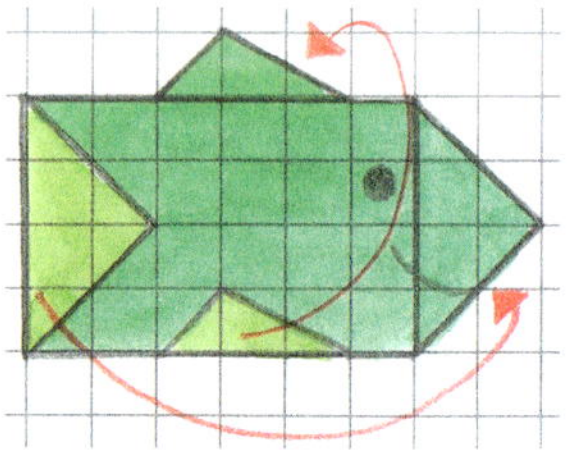

1 **Fotografie:** Parkettierungen in der Umwelt fotografieren, präsentieren, ggf. ausdrucken und für die Gestaltung eines Plakats/einer Ausstellung oder für eine digitale Pinnwand nutzen.
3, 4 **Fotografie:** Mit eigener Schablone parkettieren, Parkettierung fotografieren und präsentieren.

1 Hat Flex recht? Begründet.

2 Vergleiche die Größe der Flächen. Welche Fläche ist größer? Begründe.

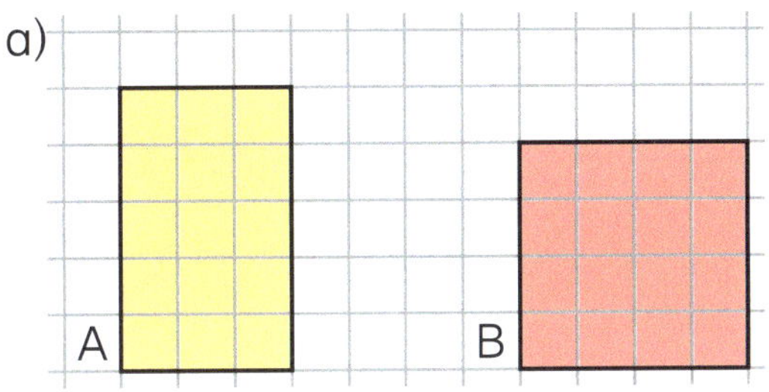

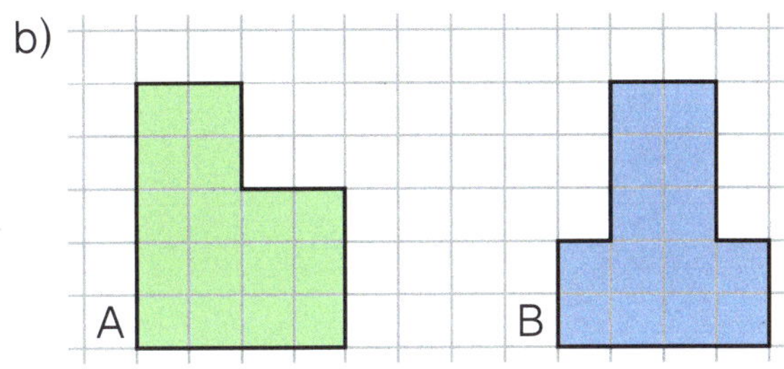

3 Hier fällt etwas auf. Vergleiche die Größe der Flächen. Beschreibe.

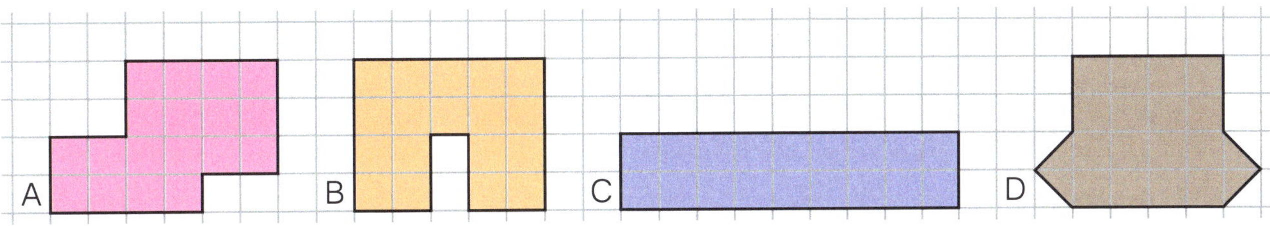

4 Zeichne vier verschiedene Flächen mit der gleichen Größe in dein Heft.
Die Fläche soll 24 Kästchen groß sein.

5 Hat Flo recht? Begründet.

1 Wie groß sind die Flächen? Schreibe in Quadratzentimeter.

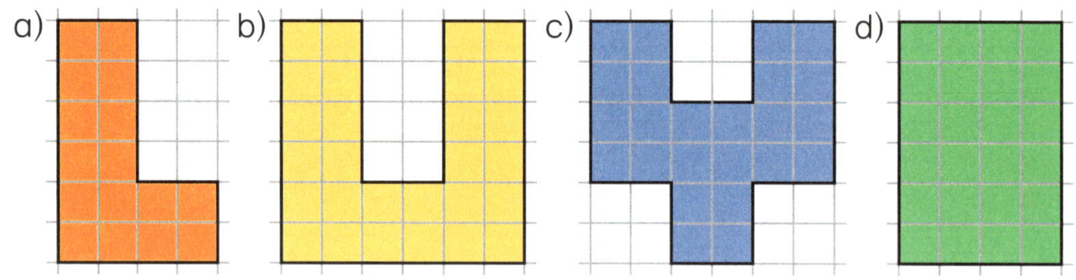

2 Wie kannst du den Flächeninhalt berechnen? Schreibe in Quadratzentimeter (cm²).

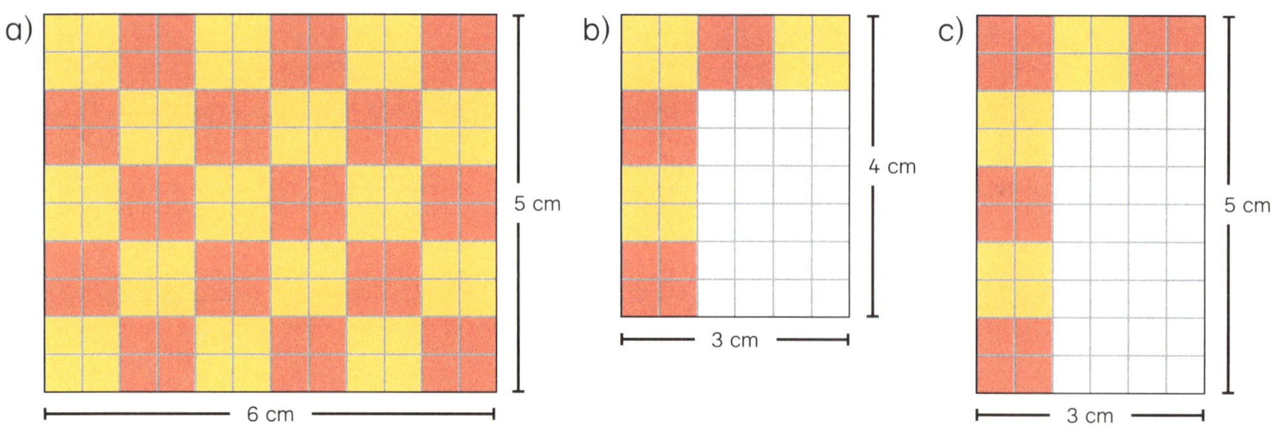

3 Berechne den Flächeninhalt. Schreibe in Quadratzentimeter.

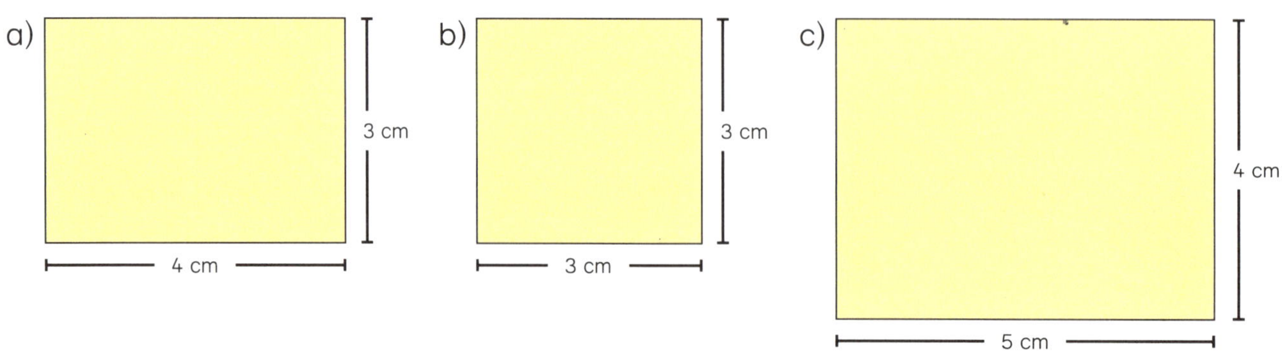

4 Zeichne jeweils zwei verschiedene Rechtecke mit dem gleichen Flächeninhalt in dein Heft.

a) 6 cm² b) 16 cm² c) 24 cm² d) 36 cm²

1 Quadratmeter $1\ m^2$

1 Schneidet aus Packpapier Quadrate, die genau ein Quadratmeter groß sind. Legt auf dem Schulhof eine Fläche von $6\ m^2$.

a) Wie viele Kinder können auf der Fläche stehen?
b) Legt verschiedene Flächen mit der Größe $6\ m^2$.

2 Wie viel Quadratmeter brauchst du ungefähr, um diese Flächen auszulegen?

2 a) Tür: ungefähr __ m^2

a) die Klassenraumtür b) die Tafel c) den Flur vor dem Klassenraum

3 Familie Weber hat einen Plan ihrer Wohnung gezeichnet. Wie groß sind die einzelnen Zimmer? Rechne und schreibe in Quadratmeter.

3) Bad: __ m^2

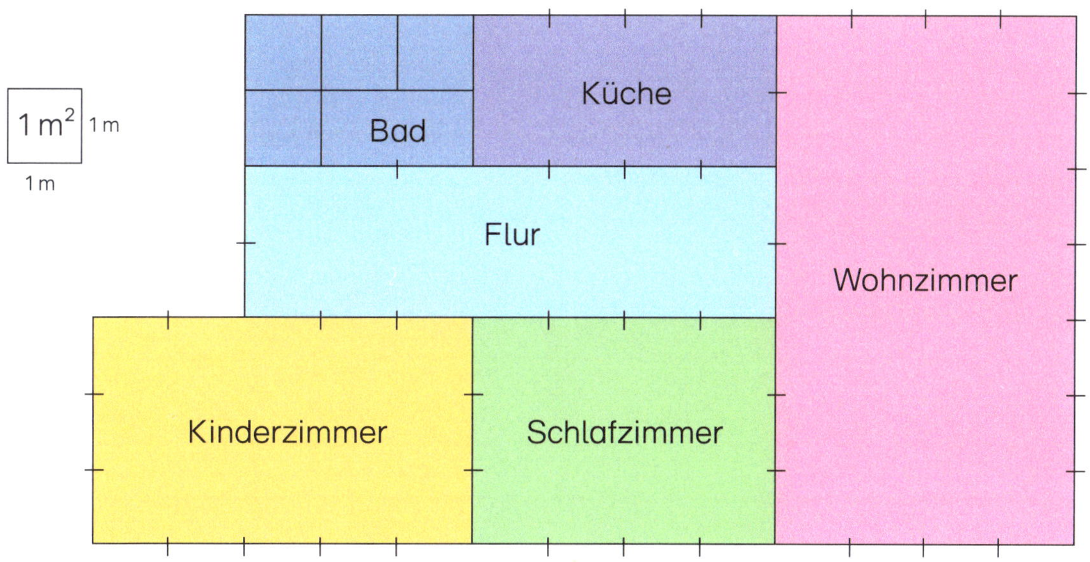

4 Kann das stimmen? Begründet.

a) Die Briefmarke hat eine Fläche von $3\ m^2$.
b) Der Klassenraum ist $30\ m^2$ groß.
c) Der Flächeninhalt der Tischtennisplatte ist kleiner als $20\ cm^2$.
d) Der Flächeninhalt der Tür beträgt $2\ m^2$.

1b) **Fotografie:** Verschiedene Flächen mit der Größe $6\ m^2$ fotografieren und präsentieren, ggf. ausdrucken und vergleichen.
3 **Textverarbeitung:** Größe der Zimmer in Quadratmeter in eine Tabelle eintragen (Vorlage in der BiBox für Lehrer/-innen), ggf. Zimmer nach der Größe sortieren.

14 A-C

1 Flex und Flo haben aus Stäbchen Figuren gelegt.
Welche Figur hat den kleinsten Umfang? Welche Figur hat den größten Umfang?
Begründet.

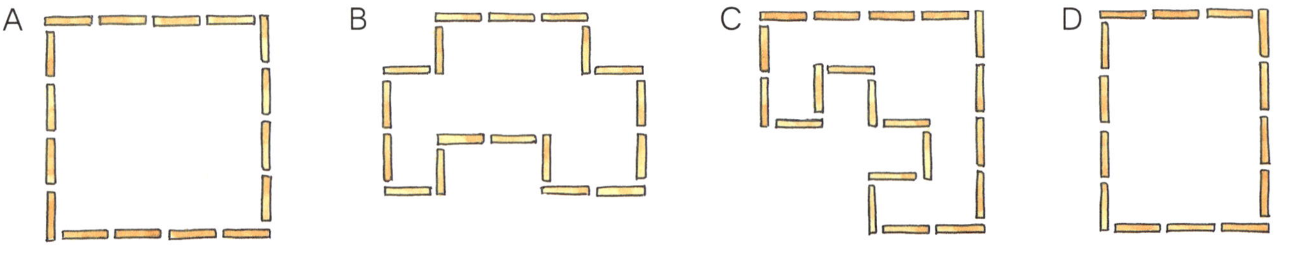

2 Wie groß ist der Umfang der Flächen? Schreibe in Zentimeter.

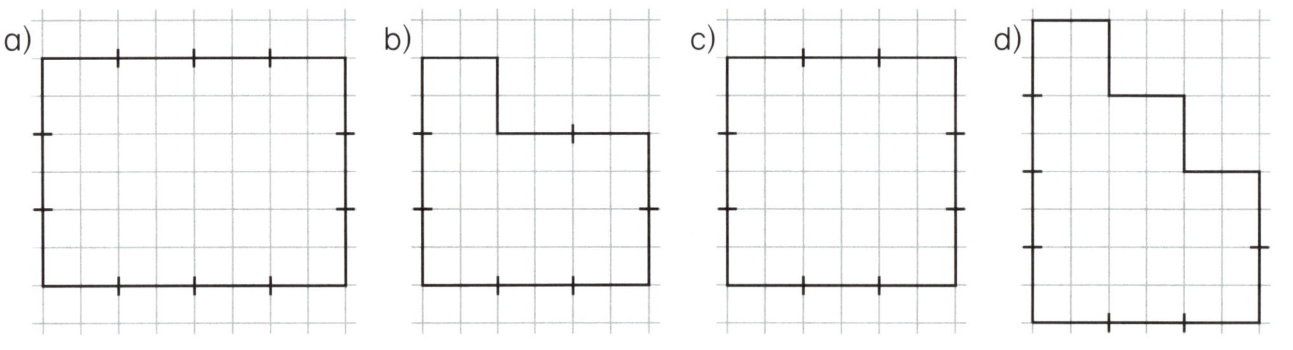

3 Zeichne die Rechtecke. Wie groß ist der Umfang?

a) Eine Seite ist 6 cm lang, die andere Seite ist 3 cm lang.

b) Eine Seite ist 3 cm lang, die andere Seite ist 5 cm lang.

c) Eine Seite ist 2 cm lang, die andere Seite ist doppelt so lang.

4 a) Zeichne ein Quadrat mit einem Umfang von 20 cm.
b) Zeichne verschiedene Rechtecke mit einem Umfang von 24 cm.

5 Und jetzt im Kopf.
Welche Seitenlängen kann ein Rechteck mit dem Umfang 32 cm haben?
Finde verschiedene Möglichkeiten.

4b) **Textverarbeitung:** Rechtecke mit einem Textverarbeitungsprogramm erstellen (Vorlage in der BiBox für Lehrer/-innen).

1 Die Wildblumenwiese soll eingezäunt werden.
Wie viel Meter Zaun werden benötigt?

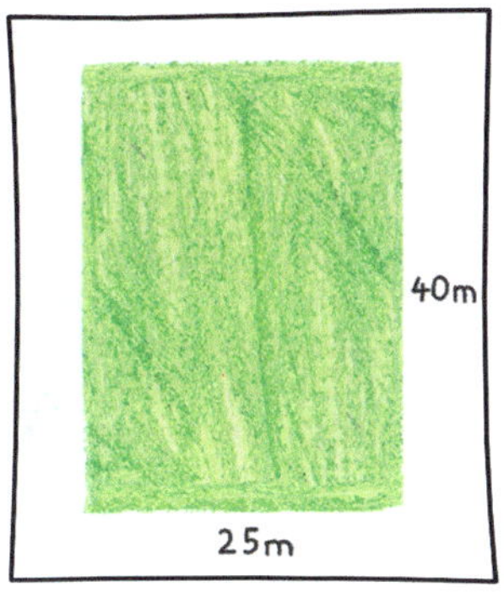

2 Die Schulgärten sollen eingezäunt werden. Wie viel Meter Zaun werden benötigt?

a)

b)
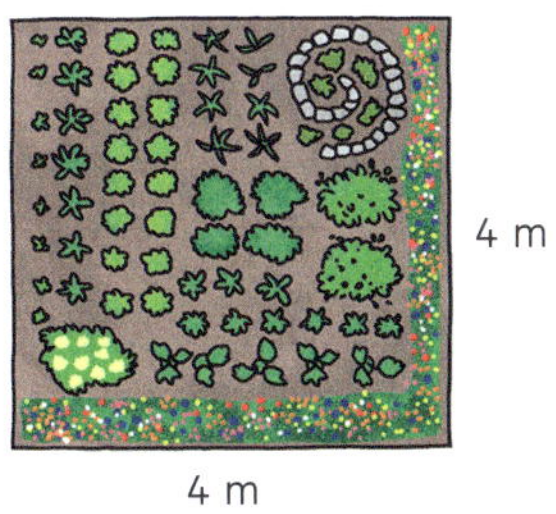

c)
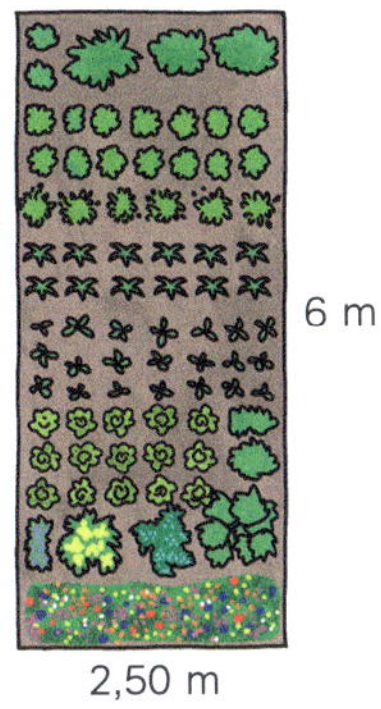

d)
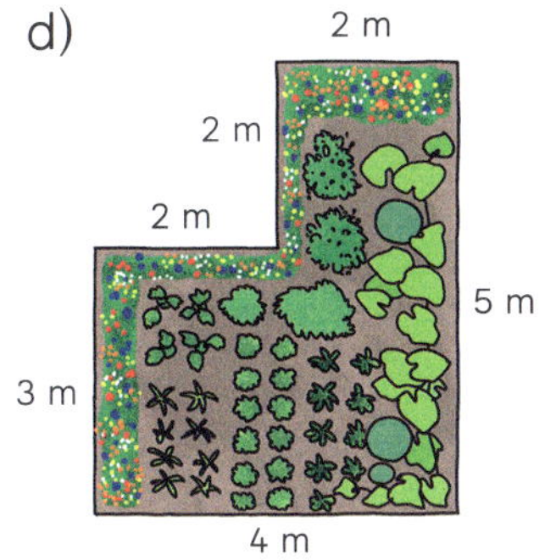

3 Bestimme die fehlenden Seitenlängen und berechne den Umfang der Wiese.

a)
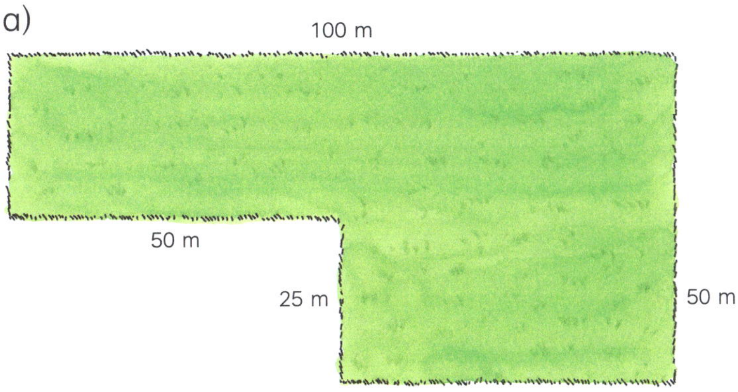

b)
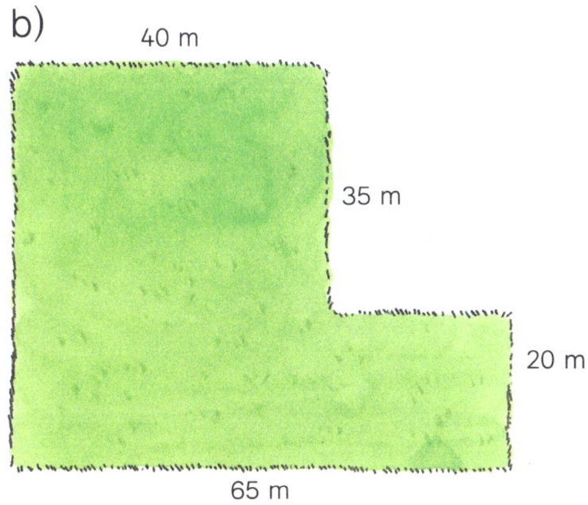

4 Der Umfang ist bekannt. Bestimme die fehlenden Seitenlängen.

a) Umfang = 18 m
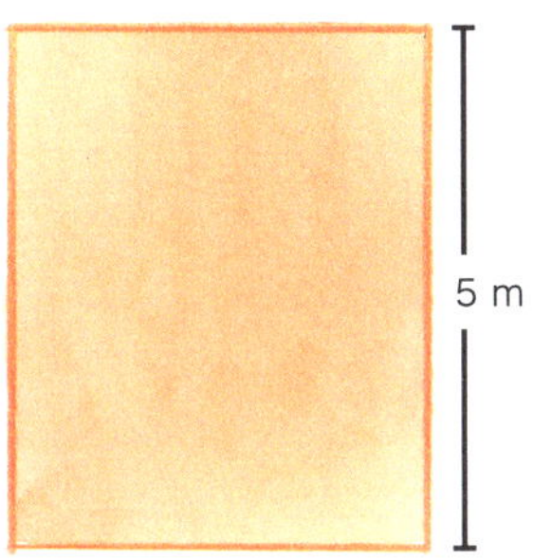

b) Umfang = 20 m
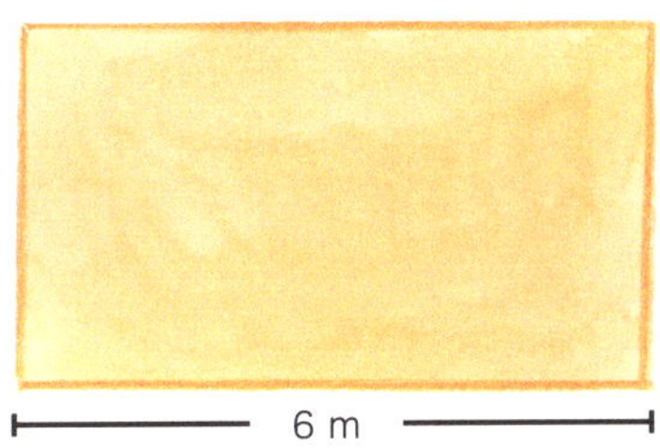

c) Umfang = 18 m
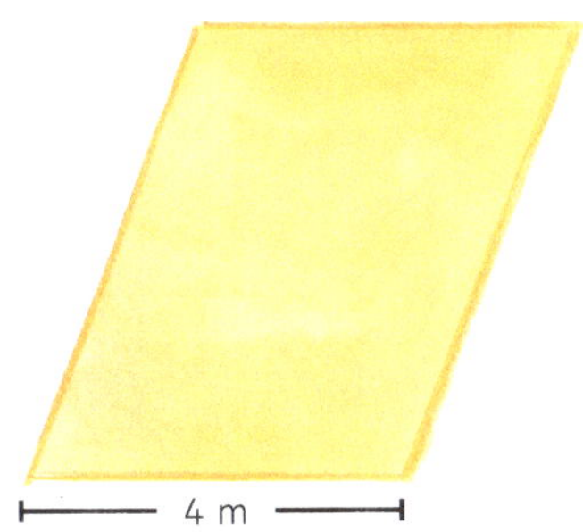

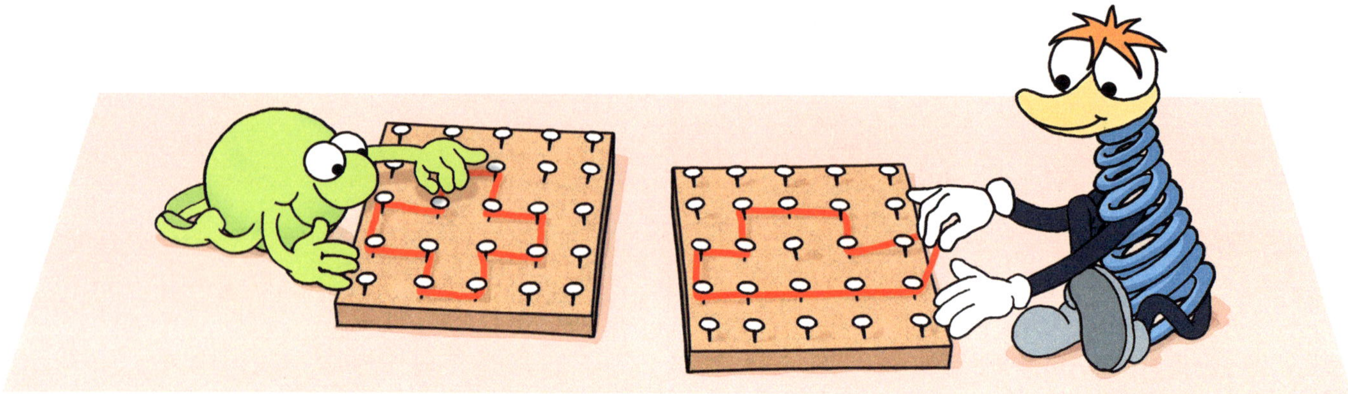

1 Welche Figur hat den größten Umfang?

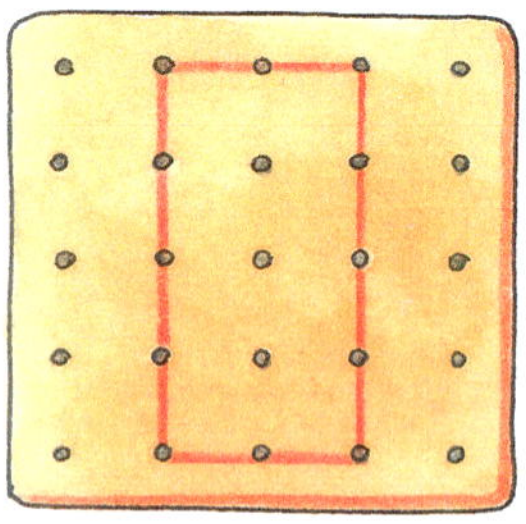
A
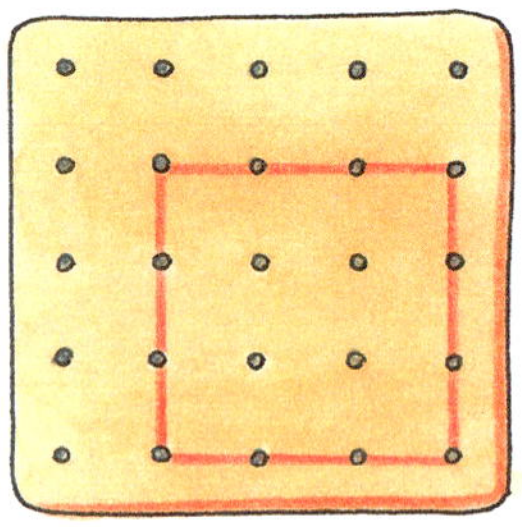
B
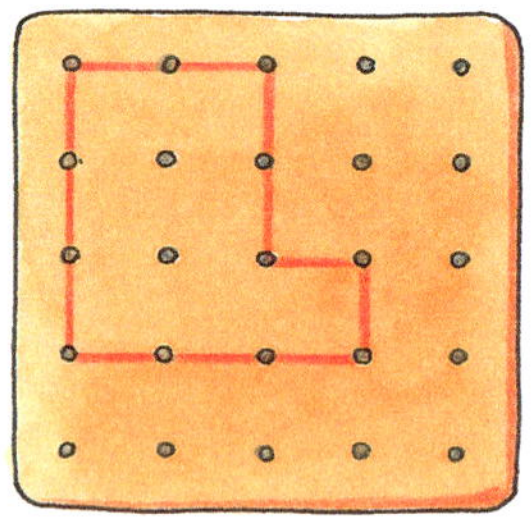
C
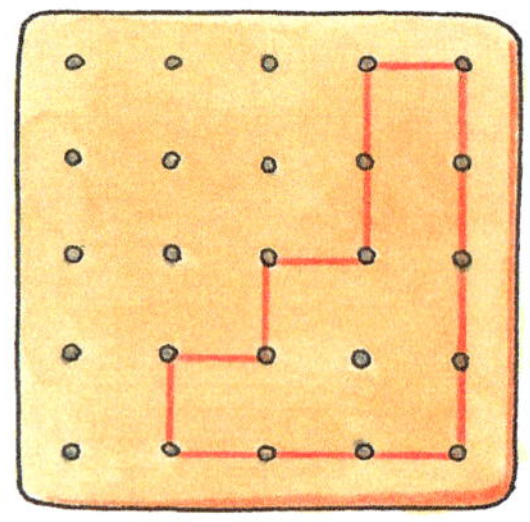
D

2 Immer zwei Figuren gehören zusammen. Ihr Flächeninhalt ist gleich groß.
Vergleiche die Flächeninhalte und ordne zu.

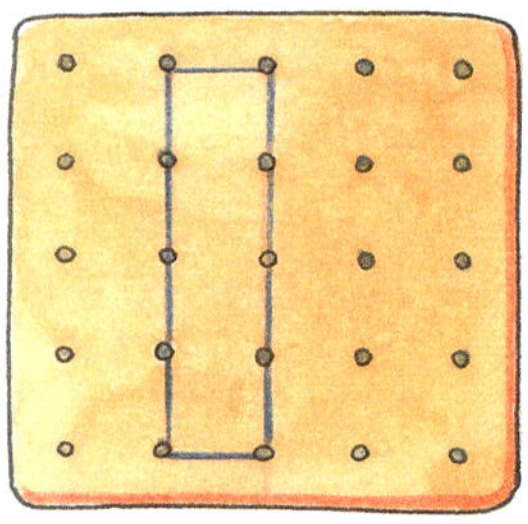
A
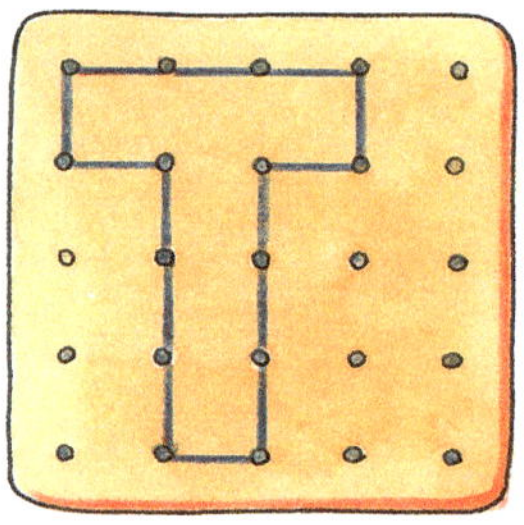
B
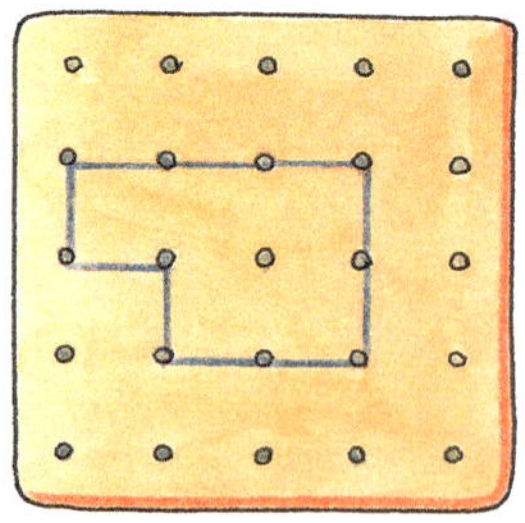
C
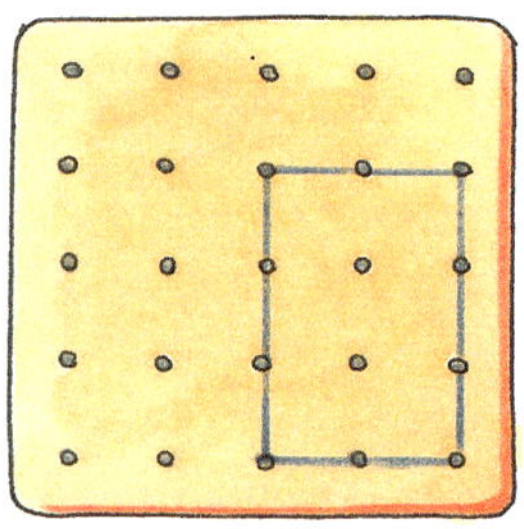
D
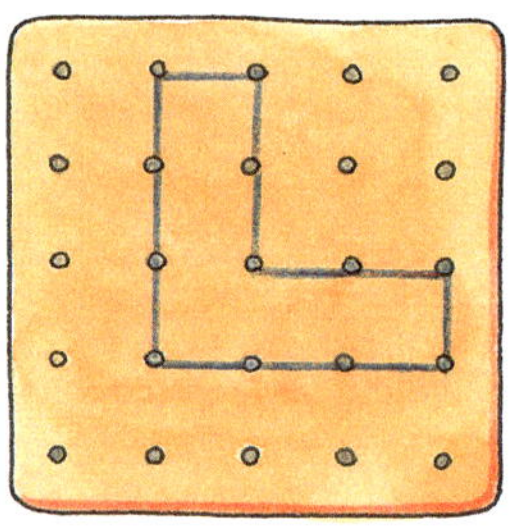
E
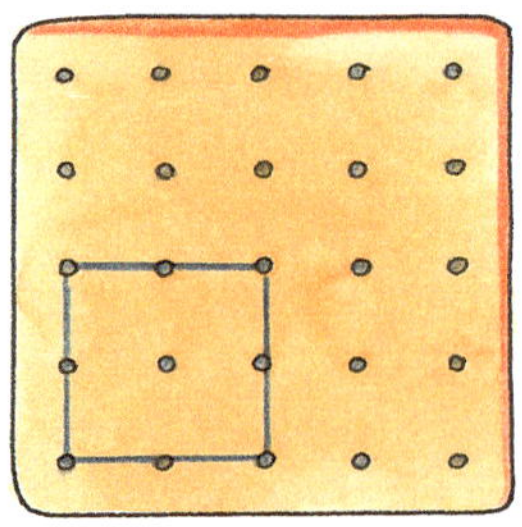
F

3 Spanne zu jeder Figur eine Figur mit einem doppelt so großen Flächeninhalt.
Findest du mehrere Möglichkeiten? Zeichne in dein Heft.

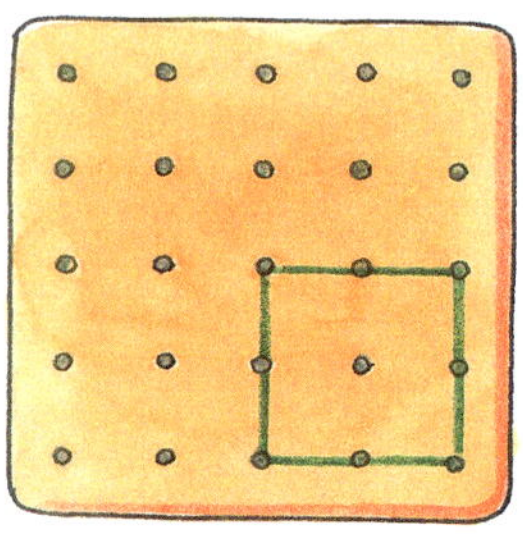
A
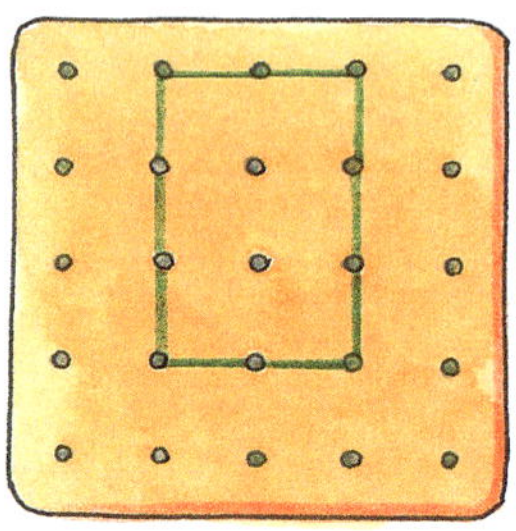
B
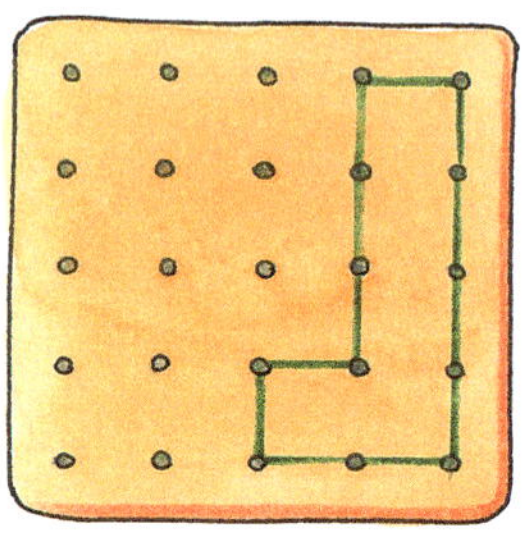
C
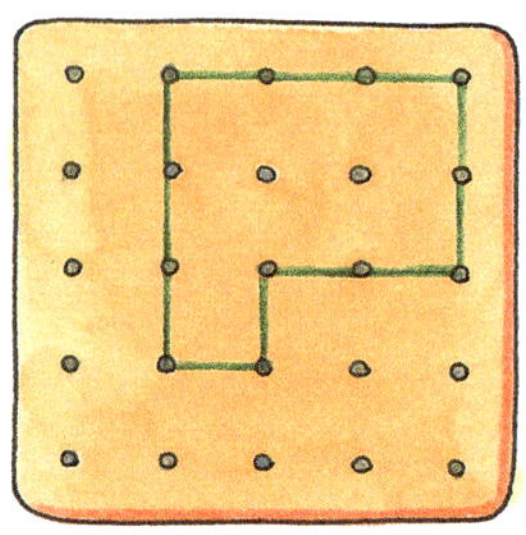
D

Blanko-Kopiervorlage mit Geobrettern in der Handreichung/BiBox für Lehrer/-innen.

Geobrett

1 Wer hat recht?
Begründet.

2 a) Spanne zu jeder Figur eine andere Figur mit dem gleichen Umfang.
Zeichne beide Figuren in dein Heft.

b) Vergleiche auch den Flächeninhalt der beiden Flächen. Was fällt dir auf?

A 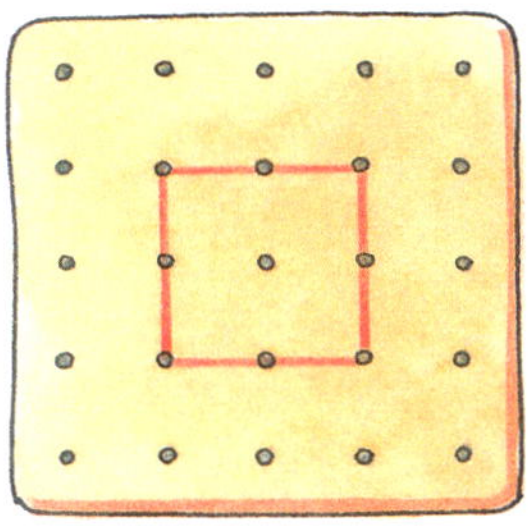 B 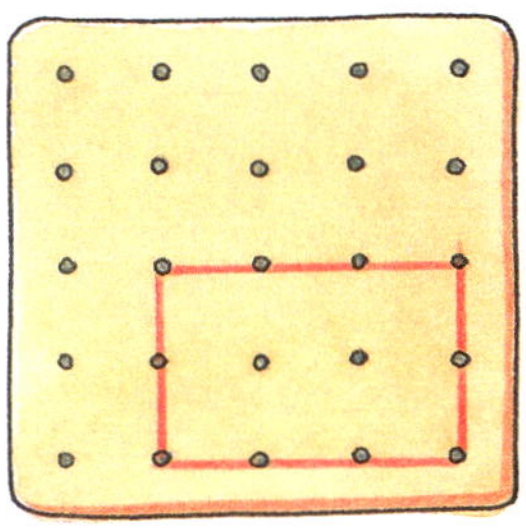 C 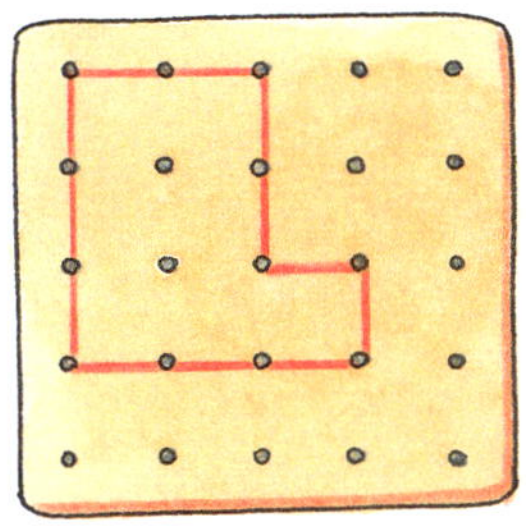 D 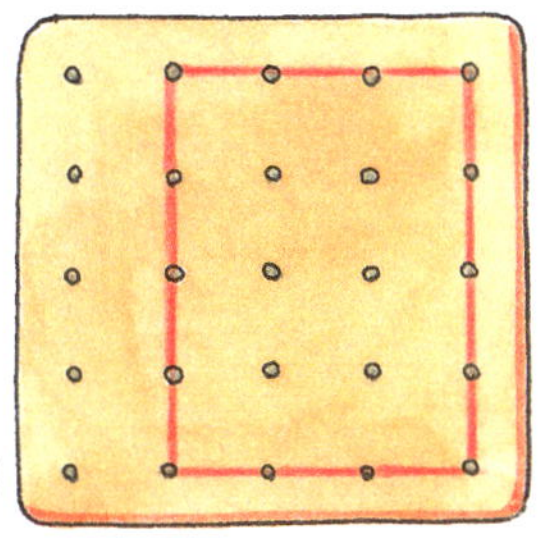

3 a) Spanne zu jeder Figur eine andere Figur mit einem gleich großen Flächeninhalt.
Zeichne beide Figuren in dein Heft.

b) Vergleiche auch den Umfang der beiden Flächen. Was fällt dir auf?

A 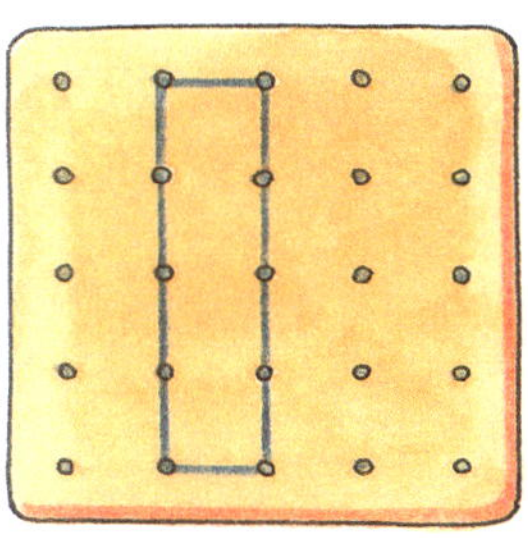 B 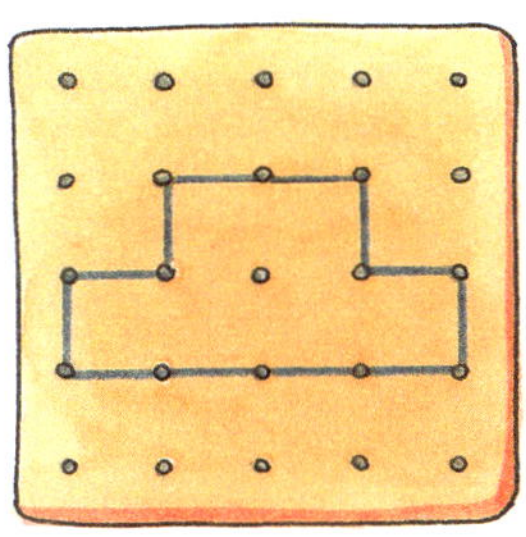 C 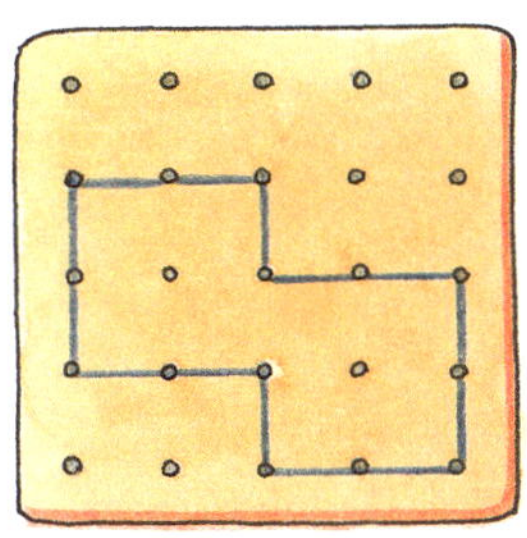 D 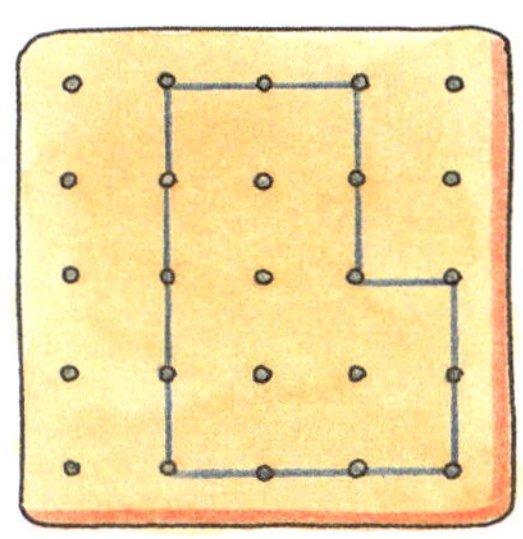

4 Spanne zu jeder Figur eine Figur mit einem halb so großen Flächeninhalt.
Findest du mehrere Möglichkeiten? Zeichne in dein Heft.

A 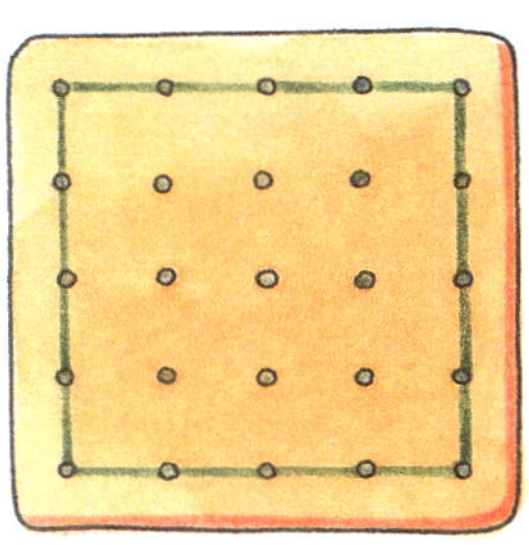 B 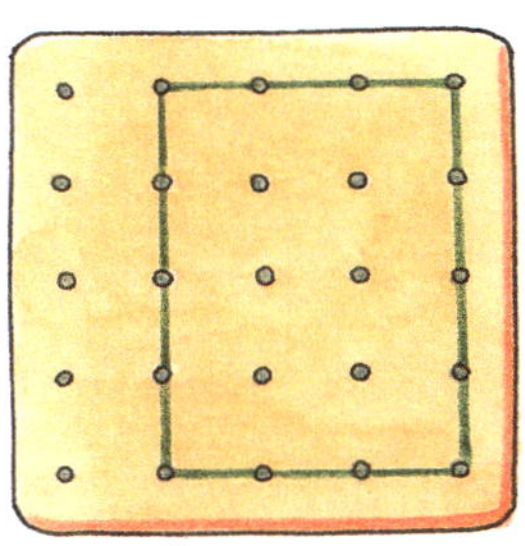 C 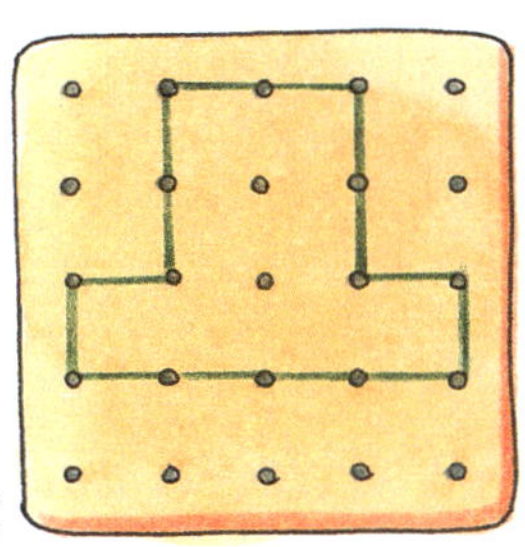 D 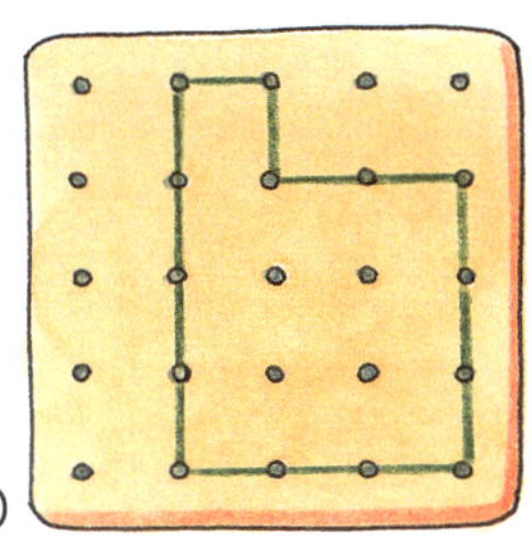

Blanko-Kopiervorlage mit Geobrettern in der Handreichung/BiBox für Lehrer/-innen.
4 **Fotografie:** Figur und Figur mit einem halb so großen Flächeninhalt spannen und fotografieren, präsentieren, ggf. ausdrucken und für ein Paarspiel in der Klasse nutzen.

1 Welche Bilder könnt ihr mit dem Doppelspiegel erzeugen?

a)

b)
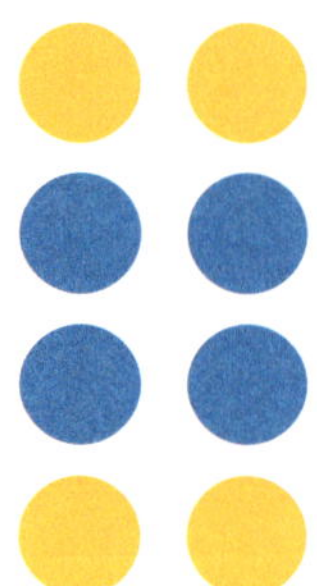

c)

d)

e)

f)

Doppelspiegel verwenden (ggf. zwei Spiegel mit Klebeband verbinden).

1 **Fotografie:** Aufstellung des Doppelspiegels für die passenden Bilder fotografieren und präsentieren, ggf. weitere Muster mit dem Doppelspiegel erzeugen, fotografieren und präsentieren.

Symmetrie – Drehen

1 Zeichne ab und drehe die Figuren um den Drehpunkt.
Zeichne die Figur an den Achsen ein.

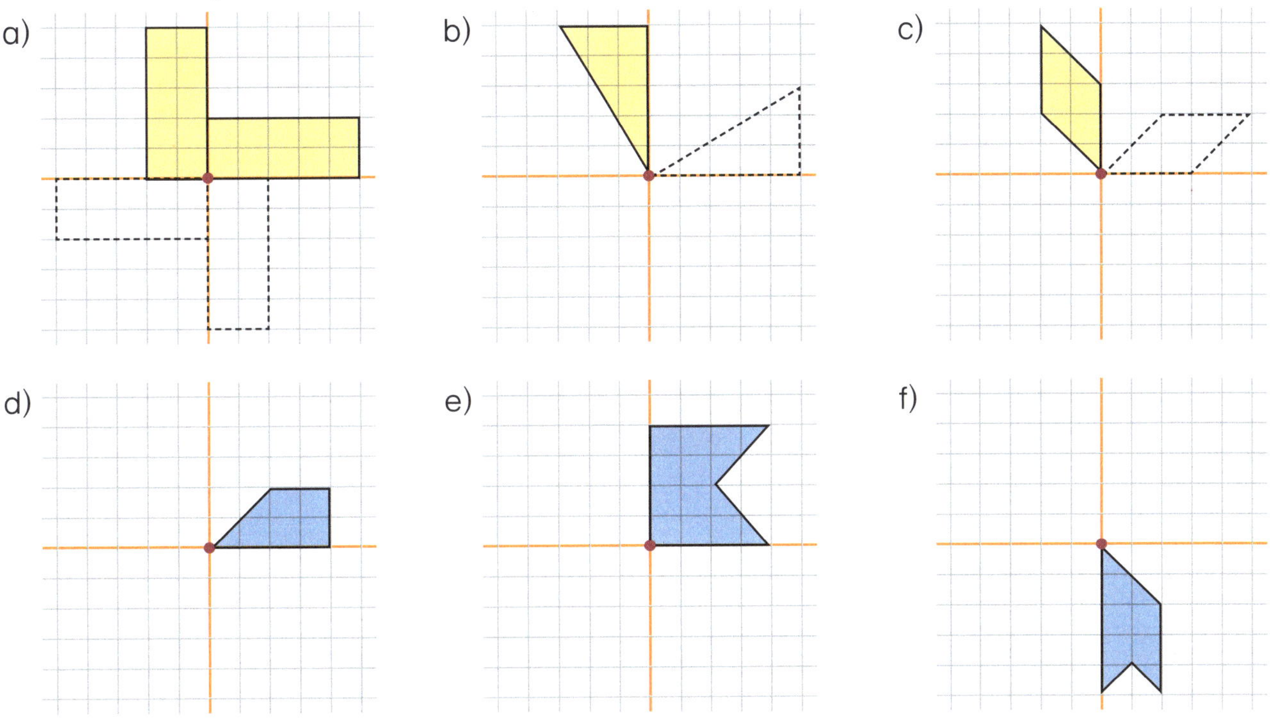

2 a) Drehe die Figur um den Drehpunkt. b) Spiegele die Figur an den Achsen.

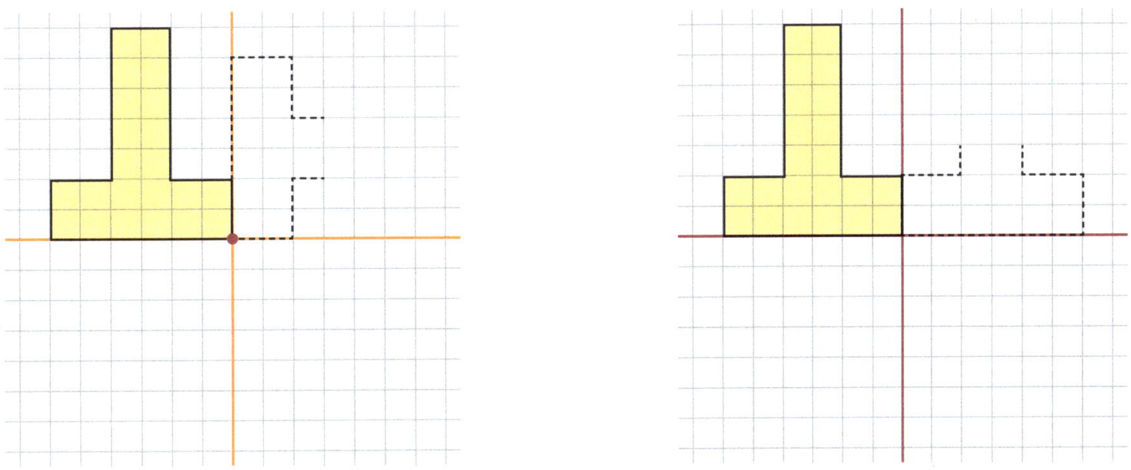

G6
15 A-H
AH S. 49

1 In welchem Maßstab wurde der Marienkäfer vergrößert? Miss die Länge der Käfer und notiere den Maßstab.

1 a) Maßstab __ : 1

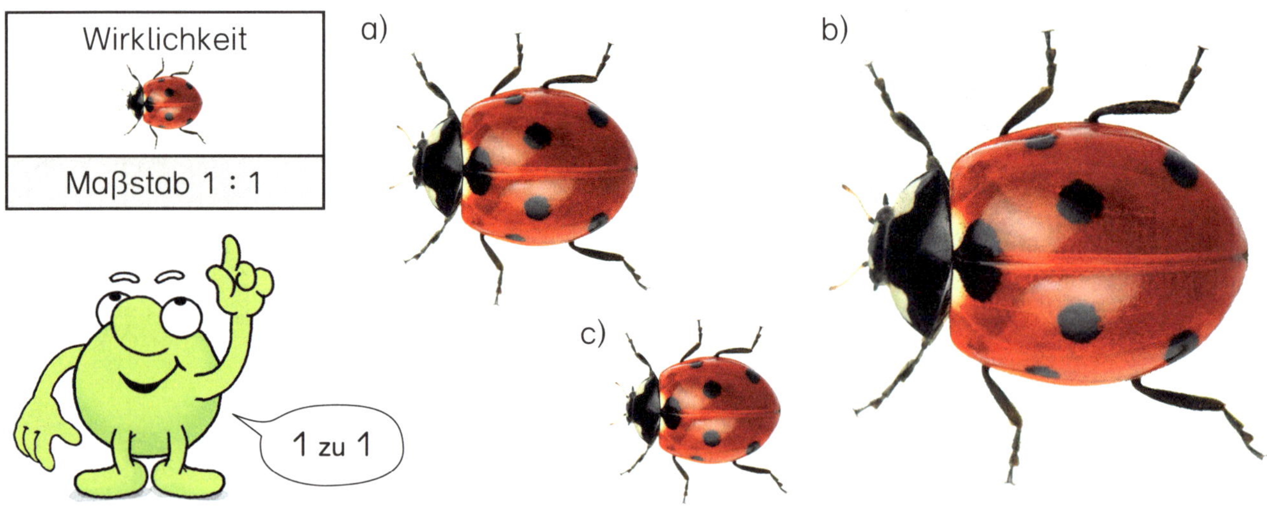

2 Vergrößere die Figuren im angegebenen Maßstab. Zeichne in dein Heft.

Maßstab 2 : 1

3 Vergrößere die Figuren im angegebenen Maßstab. Zeichne in dein Heft.

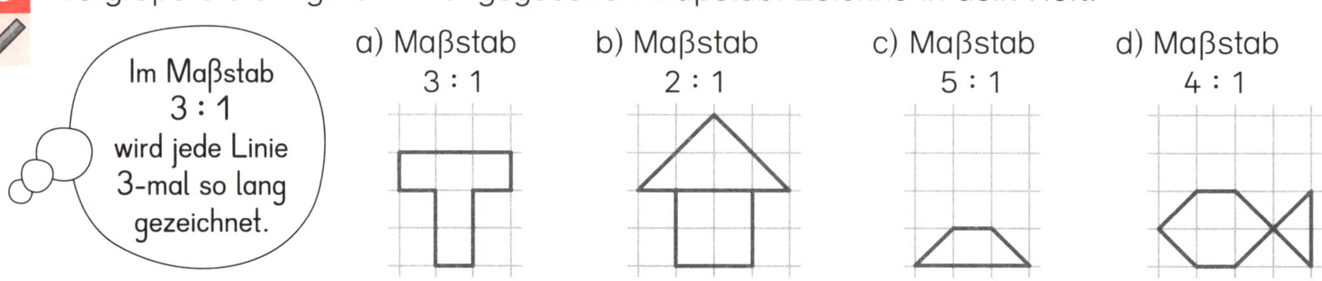

AH S. 50

1 Wie groß sind die Tiere in Wirklichkeit?
Miss nach und rechne aus.

a) Maßstab 1 : 2

b) Maßstab 1 : 20

c) Maßstab 1 : 100

d) Maßstab 1 : 600

2 Verkleinere die Figuren im angegebenen Maßstab.
Zeichne in dein Heft.

a) Maßstab 1 : 2

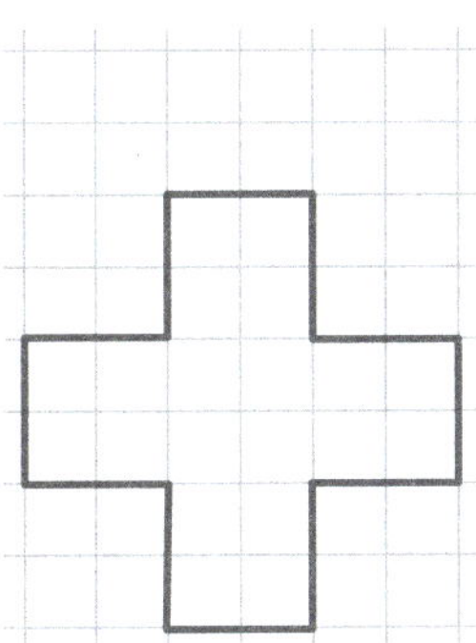

b) Maßstab 1 : 3

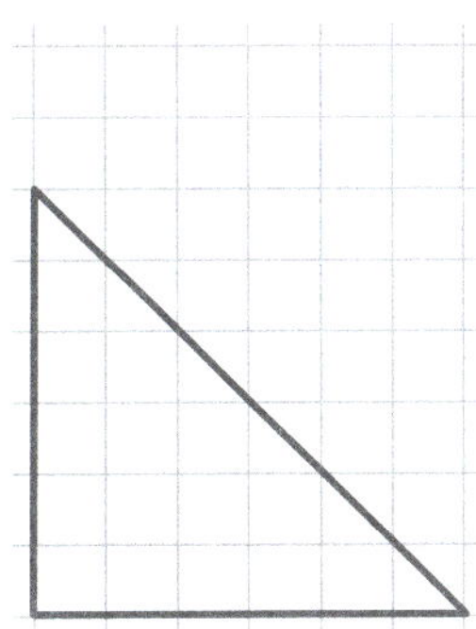

c) Maßstab 1 : 4

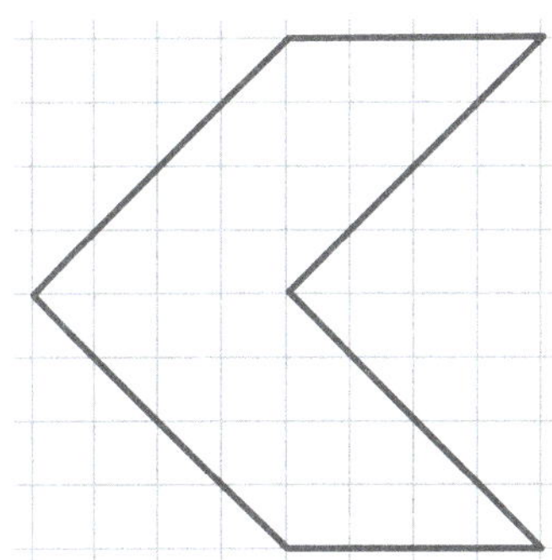

AH S. 51

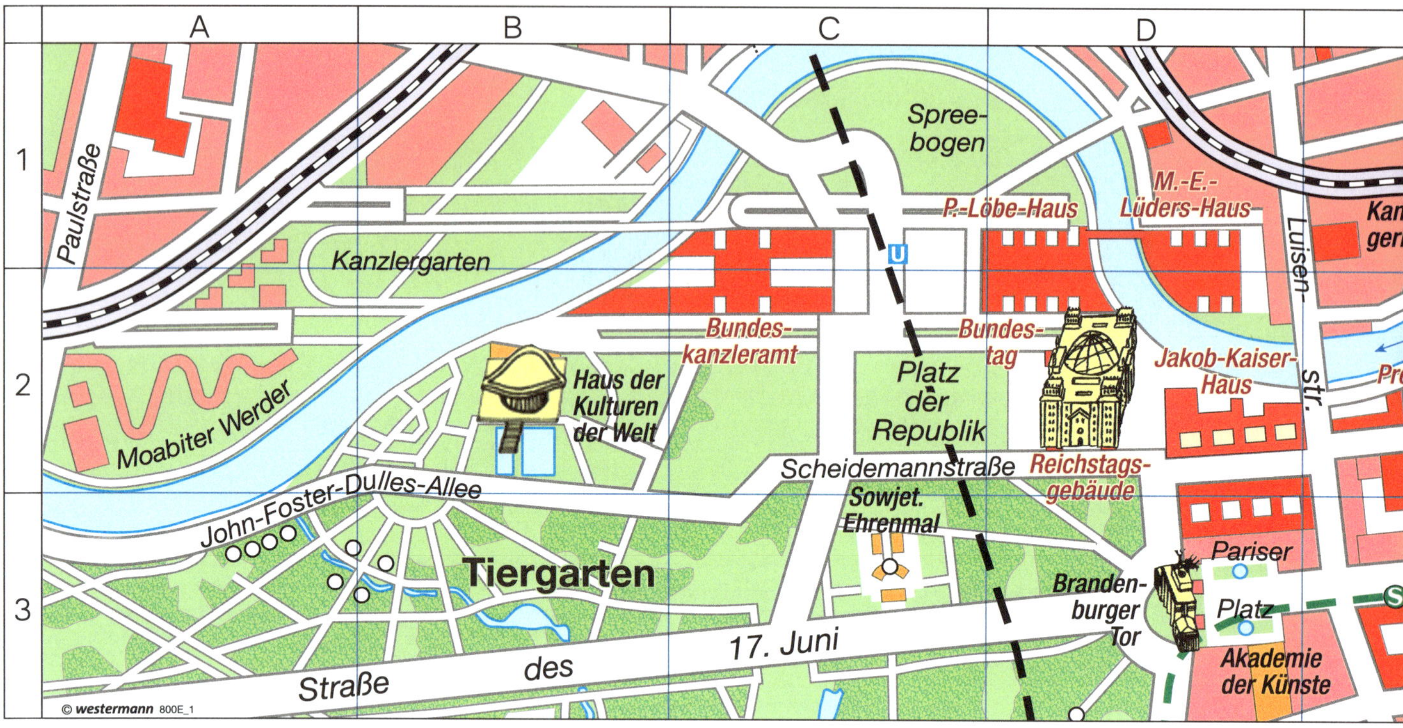

Welche Felder aus dem Stadtplan von Berlin sind hier abgebildet?

a)

b)
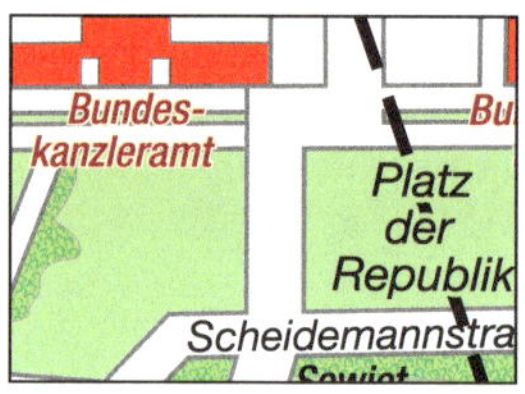

c)
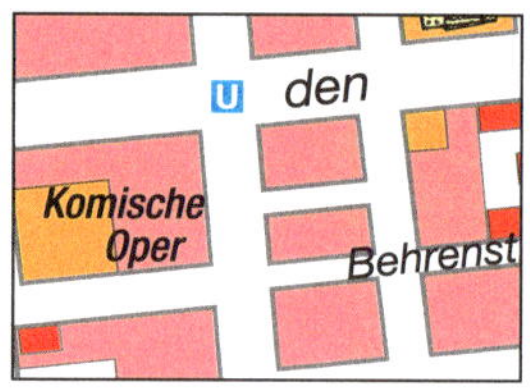

d)
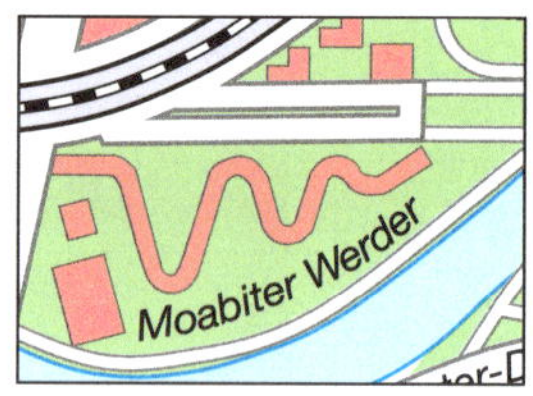

Welche Sehenswürdigkeiten wollen sich die Kinder anschauen?

a) Micha

b) Estelle

c) Emma

d) Roberto

e) Sarah

3 In welchen Feldern liegen diese Sehenswürdigkeiten?

a) das Reichstagsgebäude b) das Brandenburger Tor c) die Humboldt-Universität

4 In welchen Feldern liegen diese Straßen?

a) Unter den Linden b) Dorotheenstraße c) Karl-Liebknecht-Straße

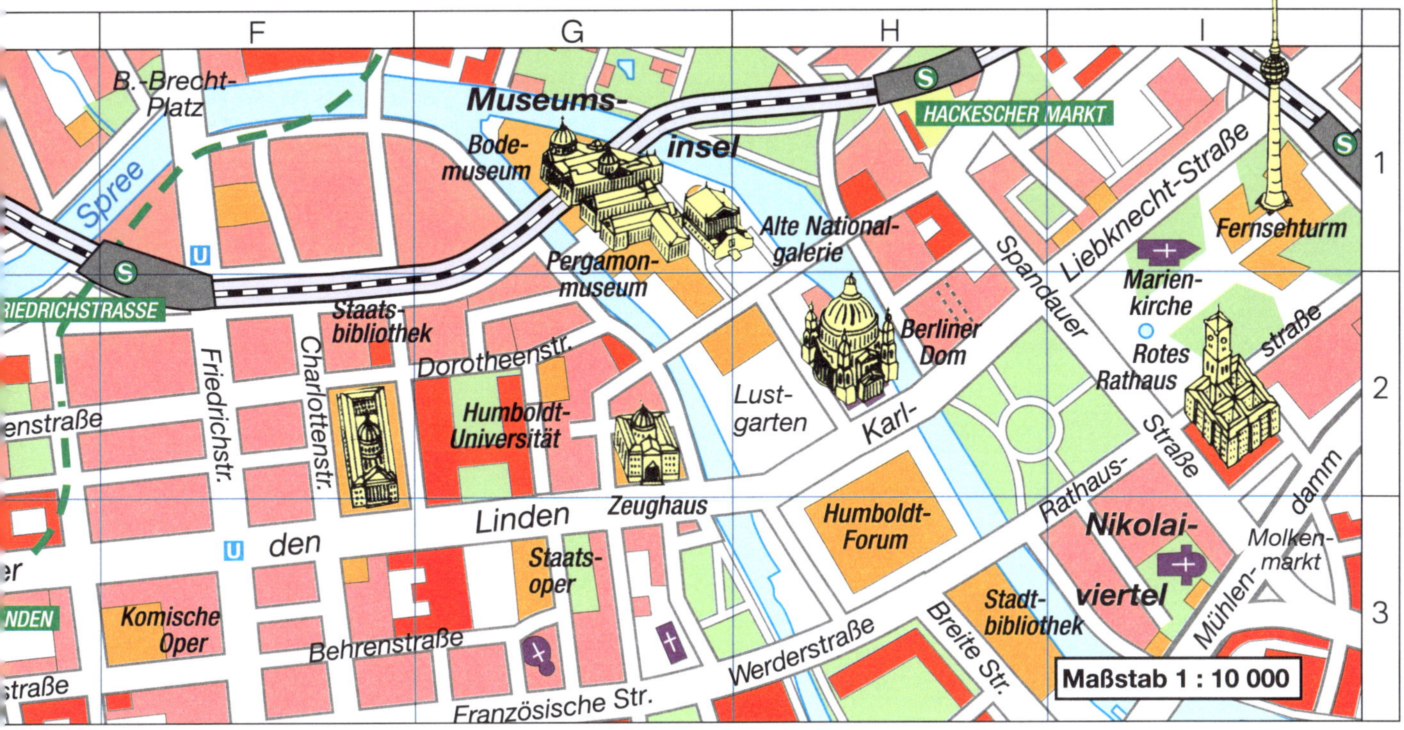

1 Starte auf der Museumsinsel an der Alten Nationalgalerie und gehe am Berliner Dom vorbei. Biege in die Karl-Liebknecht-Straße ab. Überquere die Spandauer Straße.
Welche beiden Sehenswürdigkeiten liegen vor dir?

2 Der Stadtplan von Berlin ist im Maßstab 1 : 10 000 gezeichnet.
1 cm auf der Karte sind also 10 000 cm (= 100 m) in der Wirklichkeit.
Übertrage die Tabelle in dein Heft und fülle sie aus.

2) Karte	0,5 cm	1 cm	1,5 cm	2 cm	2,5 cm	5 cm	7,3 cm	10 cm
Wirklichkeit		100 m						

3 Wie lang ist der Weg ungefähr?
Miss den Weg auf der Karte und rechne aus.

a) vom Zeughaus zum Berliner Dom
b) vom Berliner Dom zum Fernsehturm
c) vom Fernsehturm zur Humboldt-Universität
d) vom Brandenburger Tor zum Reichstag

4 Familie Hahn steht am Fernsehturm.
Sie wollen zum Brandenburger Tor.

a) Durch welche Straßen müssen sie gehen?
b) An welchen Sehenswürdigkeiten kommen sie vorbei?
c) Wie lang ist der Weg?

1 **Audioaufnahme:** Eigene Wegbeschreibungen aufsprechen. Andere Kinder vollziehen die Wege nach und nennen die Ziele.
3, 4 **App-Anwendung:** Mithilfe einer geeigneten Karten-App Länge und Dauer des Fußwegs ermitteln.

AH S. 51

1 Welche vier Teile ergeben ein Rechteck?
Zeichne das Rechteck und trage die Teile ein.

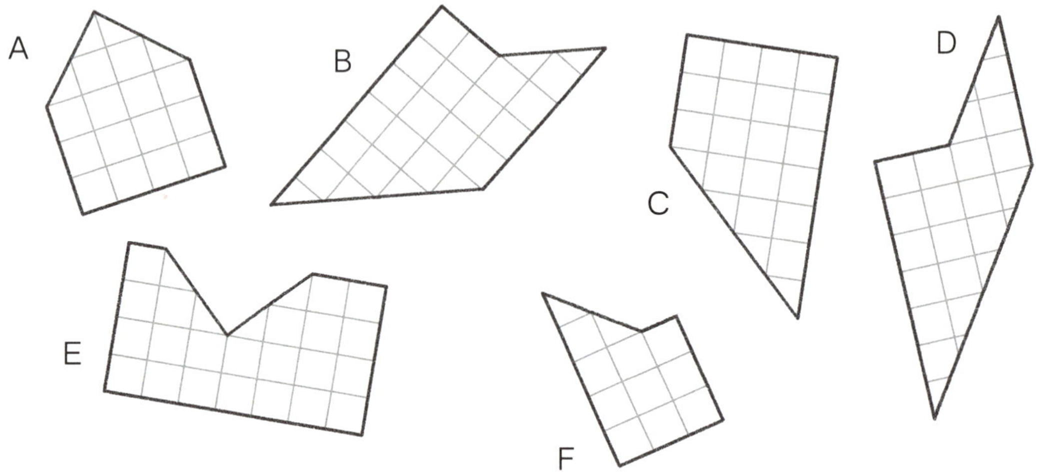

2 Immer der gleiche Würfel.
Welche Figur liegt jeweils unten?

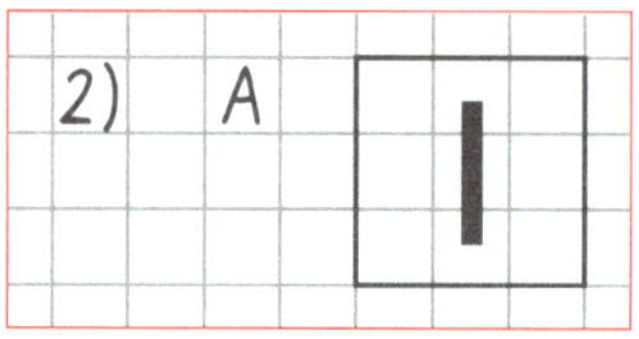

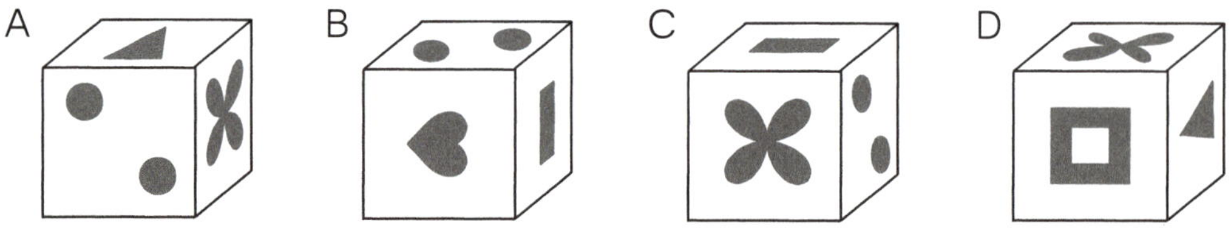

3 Übertrage das Trapez auf ein Blatt.

Zerlege das Trapez mit zwei Schnitten.
Aus den Einzelteilen sollst du ein Rechteck legen können.

Wie bist du vorgegangen?
Findest du verschiedene Lösungen?

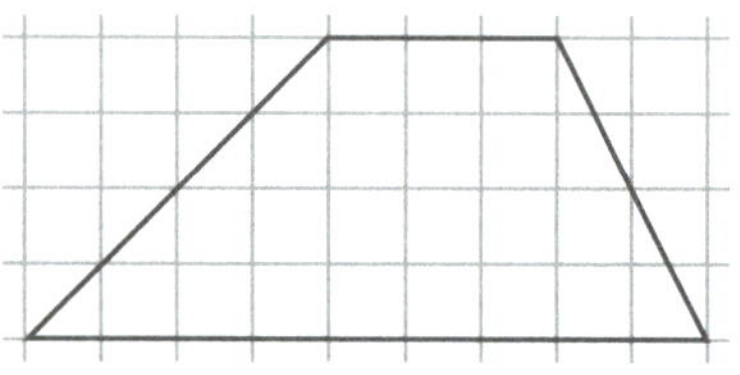

1 Die Aufgabe eignet sich im Anschluss an Seite 4.
2 Die Aufgabe eignet sich im Anschluss an Seite 11.
3 Die Aufgabe eignet sich im Anschluss an Seite 22.

4 Zeichne mit Geodreieck und Zirkel ...

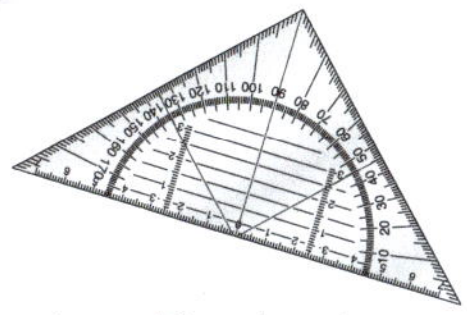

a) ein Dreieck in einem Kreis. Alle Ecken des Dreiecks sollen den Kreis berühren.

b) einen Kreis in einem Dreieck. Der Kreis soll jede Seite des Dreiecks genau einmal berühren.

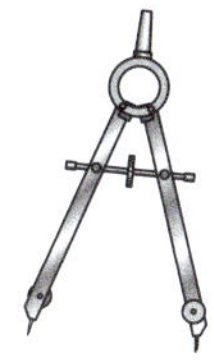

c) ein Dreieck in einem Quadrat in einem Kreis. Alle Ecken des Dreiecks sollen eine andere Seite des Quadrates berühren. Alle Ecken des Quadrates sollen den Kreis berühren.

d) einen Kreis in einem Dreieck in einem Quadrat. Der Kreis soll jede Seite des Dreiecks genau einmal berühren. Alle Ecken des Dreiecks sollen eine andere Seiten des Quadrats berühren.

5 a) Paul hat für seine Meerschweinchen im Garten ein Gehege gebaut. Weil sie gerne ausbüxen, baut Paul einen zweiten Zaun im Abstand von 50 cm zum ersten Zaun.

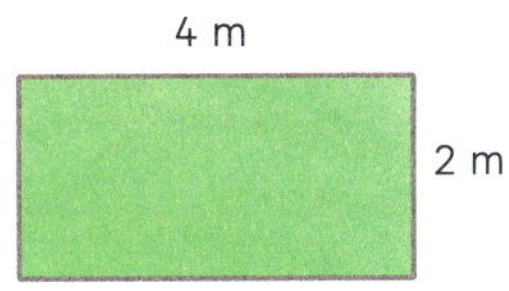

Um wie viel Meter ist der zweite Zaun länger als der erste Zaun?

b) Im Wildpark soll um das Wolfsgehege ein zusätzlicher Zaun gebaut werden. Auch hier soll der Abstand zum ersten Zaun 50 cm sein.

Um wie viel Meter ist der zweite Zaun länger als der erste Zaun? Vergleiche mit Pauls Zaun.

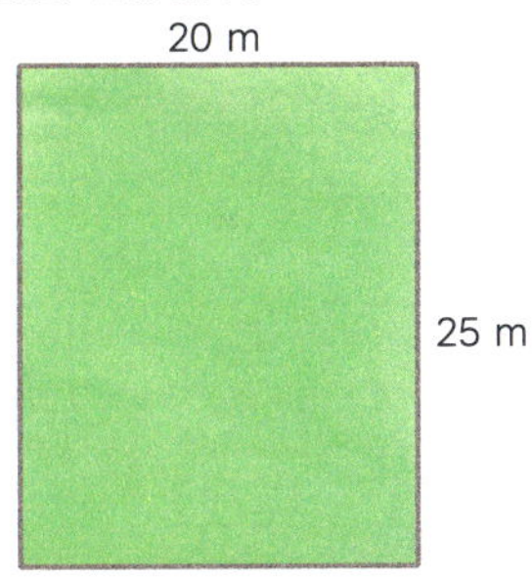

6 Ben dreht die Figur um den Drehpunkt. An jeder Achse stoppt er. Welche Figur passt zum 14. Stopp?

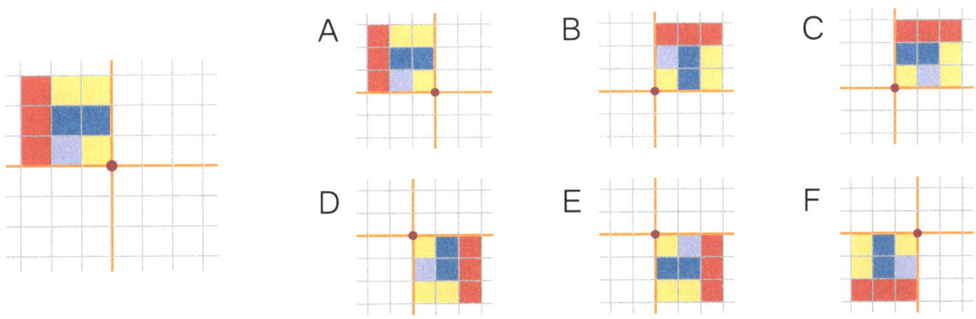

4 Die Aufgabe eignet sich im Anschluss an Seite 24.
5 Die Aufgabe eignet sich im Anschluss an Seite 31.
6 Die Aufgabe eignet sich im Anschluss an Seite 35.

Körper

Prisma

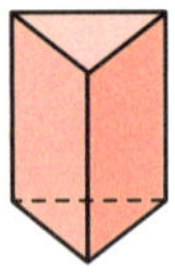

Ein Prisma hat zwei dreieckige Flächen und drei rechteckige Flächen.

Quadernetz

Ein Quadernetz kann man zu einem Quader zusammenfalten.

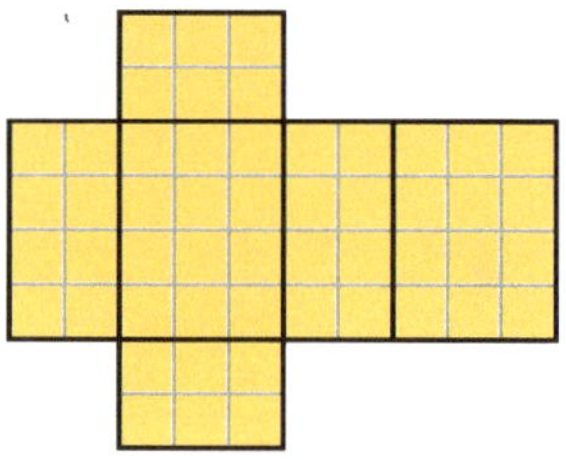

Gerade, Strecke, Strahl, Schnittpunkt

Gerade
Eine Gerade ist eine gerade Linie. Sie hat keine Endpunkte.

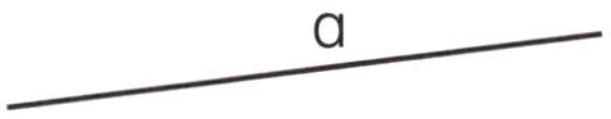

Schnittpunkt
Wenn zwei Geraden einander treffen, entsteht ein Schnittpunkt (S).

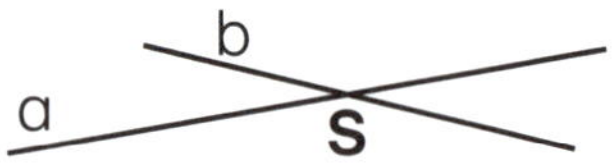

Strecke
Eine Strecke wird durch zwei Endpunkte bestimmt.

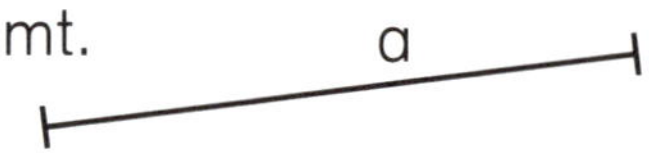

Strahl
Ein Strahl hat einen Anfangspunkt und keinen Endpunkt.

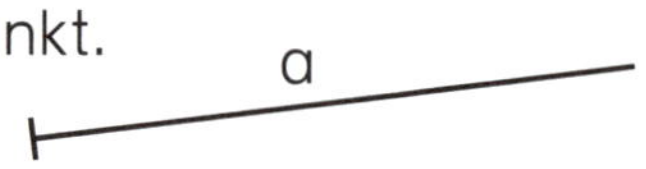

Zwei Geraden sind **senkrecht** zueinander, wenn sie einen **rechten Winkel** bilden.

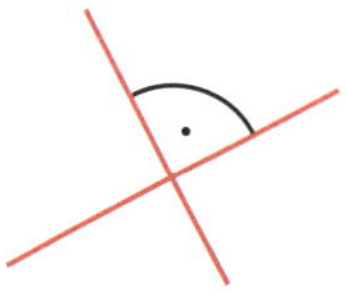

Zwei Geraden sind **parallel** zueinander, wenn sie überall den gleichen Abstand haben.

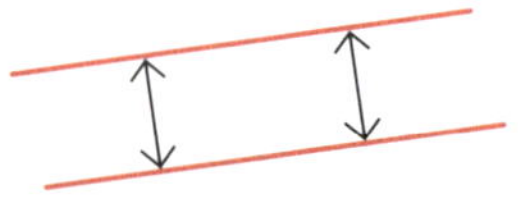

Flächen

Vierecke

Das **Trapez** ist ein Viereck, bei dem mindestens zwei Seiten parallel sind.

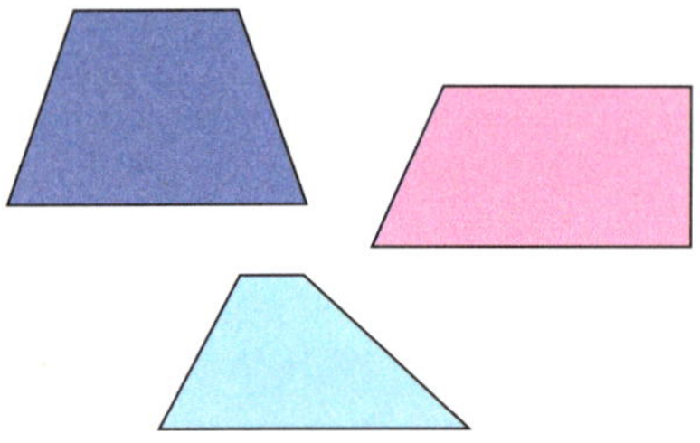

Das **Parallelogramm** ist ein Viereck, bei dem die gegenüberliegenden Seiten parallel und gleich lang sind.

Kreis

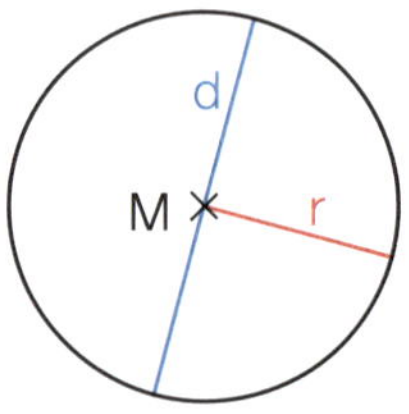

Ein Kreis hat einen **Mittelpunkt** (M), einen **Radius** (r) und einen **Durchmesser** (d).

Flächen – Flächeninhalt

Der **Flächeninhalt** kleiner Flächen wird in Quadratzentimeter gemessen.

Ein Quadrat mit der Seitenlänge 1 cm ist ein **Quadratzentimeter** (cm^2).

$1\,cm \cdot 1\,cm = 1\,cm^2$

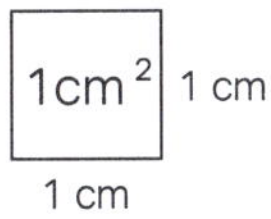

1 Quadratzentimeter	$1\,cm^2$

Der **Flächeninhalt** großer Flächen wird in Quadratmeter gemessen.

Ein Quadrat mit der Seitenlänge 1 m ist ein **Quadratmeter** (m^2).

$1\,m \cdot 1\,m = 1\,m^2$

1 Quadratmeter	$1\,m^2$

Flächen – Umfang

Der **Umfang**
ist die Länge der Linie
um eine Fläche herum.

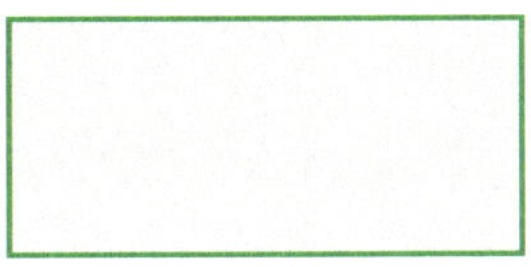

Symmetrie – Drehen

Die Figur dreht sich um einen Punkt.
Dieser Punkt heißt **Drehpunkt**.
Die Figur ist **drehsymmetrisch**.

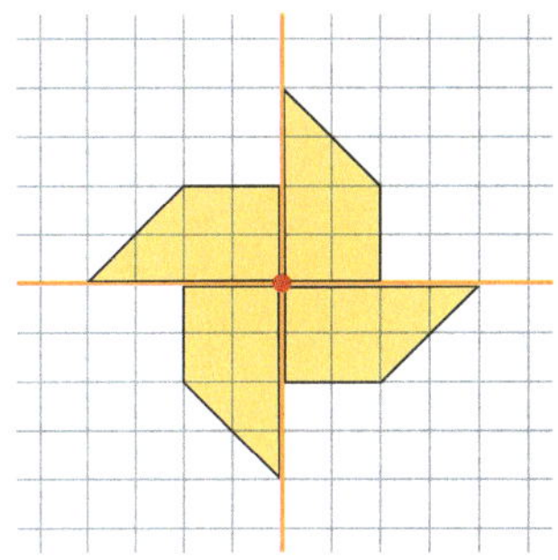

Maßstab – Vergrößern

Der Marienkäfer ist **im Maßstab 4 zu 1 vergrößert**.
Das Bild ist 4-mal so groß wie die Wirklichkeit.

4 cm im Bild … sind 1 cm in der Wirklichkeit.

Maßstab 4 : 1

Maßstab – Verkleinern

Der Storch ist **im Maßstab 1 zu 30 verkleinert**.
In der Wirklichkeit ist er 30-mal so groß, also 120 cm.

1 cm im Bild … sind 30 cm in der Wirklichkeit.

Maßstab 1 : 30

MATERIALIEN FÜR SCHÜLERINNEN UND SCHÜLER

Addieren und Subtrahieren 4 978-3-14-118295-8
Multiplizieren und Dividieren 4 978-3-14-118296-5
Geometrie 4 978-3-14-118297-2
Sachrechnen und Größen 4 978-3-14-118298-9

Lernpaket 4
4 Themenhefte + Beilagen.............................. 978-3-14-118299-6
BiBox für Schüler/-innen WEB-14-118314

ZUSATZMATERIALIEN

Arbeitsheft 4 978-3-14-118302-3
Trainingsheft 4.. 978-3-14-118331-3

Themenhefte inklusiv D
Addieren und Subtrahieren (D) 978-3-14-118425-9
Multiplizieren und Dividieren (D)..................... 978-3-14-118426-6
Geometrie (D).. 978-3-14-118427-3
Sachrechnen und Größen (D)......................... 978-3-14-118428-0

Lernpaket inklusiv D
4 Themenhefte + Beilagen 978-3-14-118424-2

MATERIALIEN FÜR LEHRERINNEN UND LEHRER

Handreichung 4 978-3-14-118304-7

BiBox für Lehrer/-innen 4
Einzellizenz WEB-14-118315
Kollegiumslizenz WEB-14-118317

Kopiervorlagen 4 978-3-14-118321-4
Förder-Kopiervorlagen 4 978-3-14-118323-8
Forder-Kopiervorlagen 4 978-3-14-118325-2
Lernwege-Karten 4... 978-3-14-118328-3
Diagnoseheft 4 978-3-14-118318-4
Entdeckerkartei 4 978-3-14-118330-6
Winkelsteine, *23 Holzteile* 978-3-425-13615-8